全国职业培训推荐教材
人力资源和社会保障部教材办公室评审通过
适合于职业技能短期培训使用

测量放线工基本技能

中国劳动社会保障出版社

图书在版编目(CIP)数据

测量放线工基本技能/周海涛主编.—北京：中国劳动社会保障出版社，2013

职业技能短期培训教材

ISBN 978-7-5167-0265-9

Ⅰ.①测…　Ⅱ.①周…　Ⅲ.①建筑测量-技术培训-教材　Ⅳ.①TU198

中国版本图书馆CIP数据核字(2013)第051557号

中国劳动社会保障出版社出版发行

(北京市惠新东街1号　邮政编码：100029)

出版人：张梦欣

*

北京金明盛印刷有限公司印刷装订　新华书店经销

850毫米×1168毫米　32开本　6.5印张　165千字

2013年3月第1版　2013年3月第1次印刷

定价：12.00元

读者服务部电话：(010) 64929211/64921644/84643933

发行部电话：(010) 64961894

出版社网址：http://www.class.com.cn

前言

职业技能培训是提高劳动者知识与技能水平、增强劳动者就业能力的有效措施。职业技能短期培训，能够在短期内使受培训者掌握一门技能，达到上岗要求，顺利实现就业。

为了适应开展职业技能短期培训的需要，促进短期培训向规范化发展，提高培训质量，中国劳动社会保障出版社组织编写了职业技能短期培训系列教材，涉及二产和三产百余种职业（工种）。在组织编写教材的过程中，以相应职业（工种）的国家职业标准和岗位要求为依据，并力求使教材具有以下特点：

短。教材适合 15～30 天的短期培训，在较短的时间内，让受培训者掌握一种技能，从而实现就业。

薄。教材厚度薄，字数一般在 10 万字左右。教材中只讲述必要的知识和技能，不详细介绍有关的理论，避免多而全，强调有用和实用，从而将最有效的技能传授给受培训者。

易。内容通俗，图文并茂，容易学习和掌握。教材以技能操作和技能培养为主线，用图文相结合的方式，通过实例，一步步地介绍各项操作技能，便于学习、理解和对照操作。

这套教材适合于各级各类职业学校、职业培训机构在开展职业技能短期培训时使用。欢迎职业学校、培训机构和读者对教材中存在的不足之处提出宝贵意见和建议。

人力资源和社会保障部教材办公室

简介

本书从职业认识入手，开篇即对测量放线工的工作任务、作用及安全生产进行了基本介绍。重点介绍了测量放线工必须熟练掌握的建筑识图、测量基础知识、水准测量、水平角测量、建筑施工测量基本知识等知识和技能。最后结合典型工作实例介绍了建筑施工测量。

本书突出实用性，全书实例丰富、图文并茂，内容紧密贴合实际，技能要求规范标准，可操作性强。

本书由周海涛主编，周舟、张明爽、谢宗明、邓君、杨丽芳、李可、王元玺参编，赵海艳主审。

目录

第一单元　职 业 认 识

培训目标：

1. 了解测量放线工的主要任务。
2. 了解测量放线工的作用。
3. 了解测量放线工与有关工种的关系。
4. 了解测量放线工的职业准则。
5. 掌握测量放线工的安全注意事项。

模块一　测量放线工岗位认识

一、测量放线工的主要任务与作用

测量放线工既可以将地面上的实际情况测绘到图纸上，又可以将图上规划、设计的内容测设于现场，如图 1—1 所示。

图 1—1　将地面上的实际情况测绘到图纸上

任何一项工程建设，都必须先进行规划、设计，才能施工。例如，要在一片空地上建一个居民小区，建筑师必须先了解这块场地的情况，这时就需要一张地形图，建筑师先在图纸上规划、部署、绘制出小区的总平面图，以此作为施工的依据。

1. 测量放线工的主要任务

测量放线工的主要任务就是在施工之前，用测量的方法将图样上建筑物或构筑物（建筑物一般是指供人们进行生产、生活或其他活动的房屋或场所，如医院、学校等；构筑物一般是指人们不直接在内进行生产和生活活动的工程结构物，如烟囱、水塔等）的位置测设到地面上，工程上称为放样或放线。

（1）大比例尺地形图测绘。在施工阶段，有时需要测绘更详细的局部地形图，或者根据施工现场变化的需要，测绘反映某施工阶段现状的地形图（见图 1—2），以此作为施工组织管理和土方等工程量预算及结算的依据。在竣工验收阶段，应测绘并编制全面反映工程竣工时所有建筑物、道路、管线和园林绿化等方面现状的地形图，为验收及今后的运营管理工作提供依据。

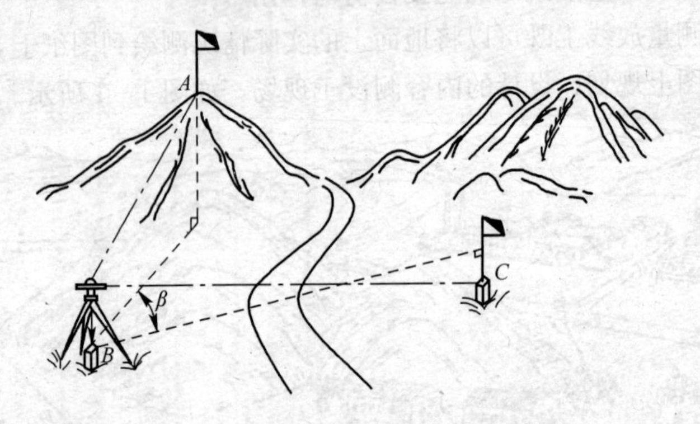

图 1—2　测绘施工阶段现状的地形图

（2）施工测量。在施工阶段，不管是基础工程、主体工程还是装饰工程，都要先进行放样测量，确定建（构）筑物不同部位的实地位置，并用桩点或线条标定出来，才能进行施工。例如，基础工程的基槽（坑）开挖施工前，应先将图样上设计好的建（构）筑物的轴线标定到地面上，如图 1—3 所示，并引测到开挖范围以外保护起来，再放样出开挖边线和±0.000 的设计标高线，才能进行开挖；主体工程的墙砌体施工前，应先将墙轴线和边线在建（构）筑物（地）面上弹出来，并立好高度标志，才能进行砌筑；装饰工程的墙（地）面砖施工时，应先将纵、横分缝线和水平标高线弹出来，才能进行铺装。每道工序施工完成后，还要及时对施工各部位的尺寸、位置和标高进行检核、测量，以此作为检查、验收和竣工资料的依据。

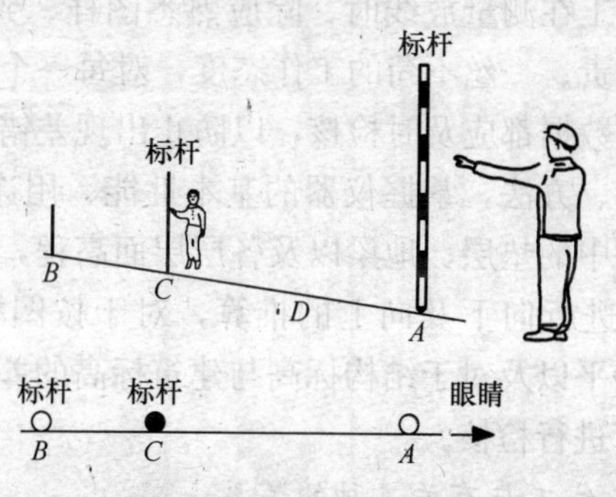

图 1—3　用标杆确定 AB 直线间的 C、D 两点

（3）变形观测。对一些大型的、重要的或位于不良地基上的建（构）筑物，在施工阶段和运营管理期间，要定期进行变形观测，以监测其稳定性。建（构）筑物的变形一般有沉降、水平位移、倾斜、裂缝等，通过测量掌握这些变形的出现、发展和变化规律，对保证建筑物的安全使用有着重要作用。

2. 测量放线工的作用

在建筑施工中，测量工作贯穿于整个施工的各个阶段。无论是场地平整、土方开挖、基础和墙的砌筑、构件的安装、烟囱和水塔的施工、场区道路的铺筑、管道的敷设，还是建筑物或构筑物在使用过程中沉降与变形的观测，施工测量都作为一种控制手段，有着十分重要的实际意义和作用。如图 1—4 所示为用经纬

仪确定 AB 直线上的 C、D、E 三点。

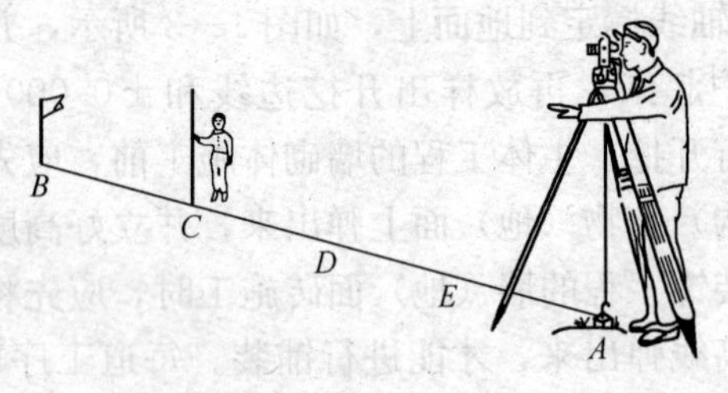

图 1—4　用经纬仪确定 AB 直线上的 C、D、E 三点

测量放线工在测量放线时，除应熟悉图样、弄清楚尺寸外，还要有认真负责、一丝不苟的工作态度，对每一个工序、每一项操作、每一个数据都应及时检核，以防止出现差错；并要掌握检核的基本原理、方法，掌握仪器的基本性能、用途和操作工艺。例如，对抄平中的垫层、地梁以及各层层面高程，都要根据控制标高±0.000 进行向下及向上的推算，对于按图样尺寸进行推算、测设、抄平以及对于结构标高与建筑标高的差值等各方面都要熟知并认真进行检核。

3. 测量放线工与有关工种的关系

测量放线工与砌筑工、模板工、钢筋混凝土工、架子工及起重工等有较密切的关系。例如，底层的墙轴线、门窗口位置、隔断墙的线、预留孔洞的标出与砌筑工的工作密切相关；木工支模的平面精确位置与标高标准位置，预制钢筋混凝土楼梯、现浇钢筋混凝土楼梯的安装放线以及吊装准确位置的确定等都体现了测量放线工与木工、吊装工之间的关系。

二、测量放线工的职业准则

由于建筑工程建设的各个阶段都需要进行测量，而且测量的精度和速度直接影响整个工程的质量与进度。因此，测量放线工的工作对保证工程的规划、设计、施工等方面的质量都具有十分重要的意义。

首先，测量放线工应遵守国家职业标准中规定的职业守则：

热爱本职，忠于职守；遵章守纪，安全生产；尊师爱徒，团结协作；勤俭节约，关心企业；精心操作，重视质量；钻研技术，勇于创新。

其次，由于测量放线工作的重要性，从事此工作的人员必须道德高尚、认真负责、业务精良，以保证测量放线工作的质量。测量放线人员应严格要求自己，爱国守法，敬业奉献。除此之外，测量放线人员还应遵守下列基本准则：

1. 实事求是，认真负责，不怕苦、不怕累，要有熟练的业务技能，精心使用与爱护测量仪器。

2. 测量工作应先整体后局部，高精度控制低精度。

3. 在测量之前要先审核原始数据，外业观测和内业计算要做到步步有校核。

4. 测量方法要简捷，精度要合理相称。合理利用资源，仪器、设备的配置要适当。

5. 建筑物的定位放线及重要的测量工作必须先经自检、互检合格后，再由相关单位验线。

6. 遵守国家法律、法令和测量的有关规程与规范，熟悉工程概况，熟读图样，照图施工，保证质量，按时完成任务，为工程服务。

7. 及时总结经验，具有与时俱进、开拓进取、努力学习先进技术、不断改进的工作精神。

模块二　测量放线工安全生产

测量放线工在施工现场，虽然没有架子工、电工或爆破工遇到的险情多，但也具有较大的危险性，因此，测量放线工一定要注意安全。

1. 坚持“安全第一，预防为主”的基本方针。根据施工现场的具体情况和施工安排制定测量放线方案，在各个测量阶段落实安全生产措施，注意人身与仪器的安全，尽量减少立体作业，以防坠落与砸伤。例如，用内控法做竖向投测时，要在仪器上方采取可靠措施；平面控制网的布设要远离施工现场等。在生产劳动中要时时处处注意到“三不伤害”，即不伤害自己，不伤害他人，不被他人伤害。

2. 对新进人工作岗位的测量工作人员，要做好测量放线、验线应遵守的基本准则教育；同时，还应进行安全操作教育、进入施工现场必须按规定佩戴安全防护用品教育等。例如，现场作业必须戴好安全帽，高处或临边作业要绑扎安全带（见图 1—5），必须走安全梯或马道，高处作业平台四周要采用密目安全网封闭等。

图 1—5　戴好安全帽，系好安全带

3. 测量放线工作存在的“八多”安全隐患

（1）要去的地方多、观测环境变化多。测量放线工作从基坑到封顶，从室内结构到室外管线的各个施工角落均要放线，所以要去的地方多，且各测站上的观测环境变化多。

（2）接触的工种多、立体交叉作业多。测量放线从打护坡桩挖土到结构支模、从预留埋件的定位到室内外装饰设备的安装，需要接触的工种多，相互配合多，尤其是相互立体交叉作业多。

（3）在现场工作时间多、天气变化多。测量放线工每天早晨上班要早，以检查线位桩点，下午下班要晚，以查清施工进度并安排第二天的任务，中午工地人少，正适合加班放线以满足下午施工的需要，所以，测量放线工在现场工作时间多、天气变化多。

（4）测量仪器贵重，各种附件与斧锤、墨斗等工具多，触电机会多。测量仪器怕摔砸，斧锤怕失手，线坠怕坠落，人员怕踩空跌落；现场电焊机、临时电线多。因此，钢尺与铝质水准尺触电机会多。

4. 在各施工层作业，要注意楼梯口、电梯口、预留洞口和出入口（建筑施工中简称“四口”）的安全，不得从洞口或井字架上下，以防止坠落。

5. 作业时必须避让机械，躲开坑、槽、井，选择安全的路线和地点；上下沟槽、基坑应走安全梯或马道；在槽、基坑底作业前必须检查槽帮的稳定性，防止塌方，确认安全后再下基坑、槽作业，如图 1—6 所示；进入井、深的基坑（槽）及构筑物内作业时，应在地面进口和出口处设专人监护。

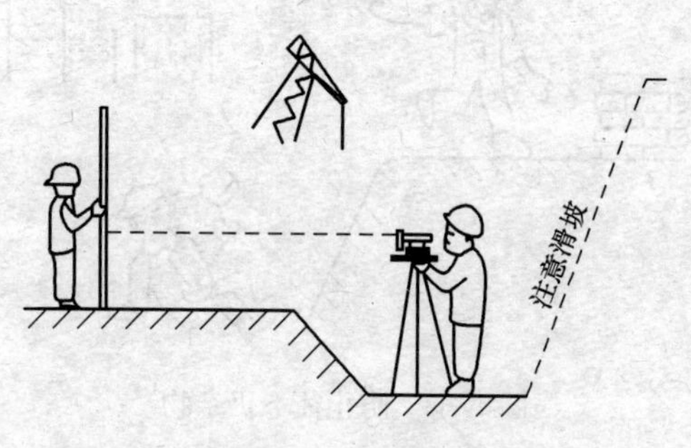

图 1—6　防止塌方

6. 在脚手板上行走要防踩空或防板悬挑；在楼板临边放线，不要紧靠防护设备，严防高空坠落；如有高血压、心脏病等不宜进行高空作业；机械运转时，不得在机械运转范围内作业。

7. 用钢尺测量距离时要远离电焊机和机电设备，以防止触电，如图 1—7 所示。用铝质水准尺抄平时，要防止碰撞架空电线，以免触电。

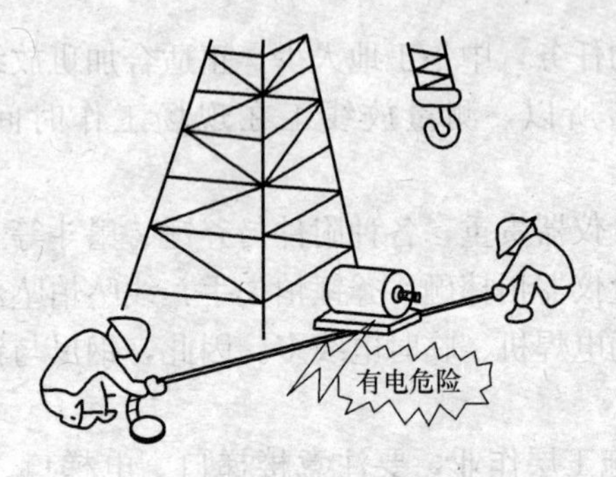

图 1—7　用钢尺测量距离要防止触电

8. 测量作业打桩前，应检查锤头的牢固性，与他人协调配合作业时，不得正对他人抡锤。操作时必须集中精力，不得玩笑打闹、往楼下或低处扔杂物，以免伤人、毁物，如图 1—8 所示。

图 1—8　防止往下扔杂物

总之，测量人员在现场放线中，要集中精力观测与计算。由于周围的环境千变万化，上述的“八多”隐患均有造成人身或仪器损伤的可能。因此，测量人员必须在制定测量放线方案中，根据现场情况按“预防为主”的方针，在每个测量环节中落实安全生产的具体措施；同时，在现场放线中严格遵守安全规章，时时处处谨慎作业，既要做到测量结果好，更要做到确保人身、仪器的安全。

思考题

1. 测量放线工在施工中有哪些工作任务，起到什么样的作用？

2. 简述测量放线工的职业准则。

3. 测量放线工应当注意哪些安全事项？

第二单元　建 筑 识 图

培训目标：

1. 掌握建筑区域和拟建工程的平面位置。

2. 掌握定位轴线、标高及等高线识读方法。

3. 了解房屋的各组成部分及其作用。

4. 能看懂总平面图。

5. 能看懂建筑平面图、建筑立面图、建筑剖面图和基础平面图。

模块一　识图基础知识

一、图样上的尺寸和比例

1. 图样上的尺寸单位

图样上除标高及总平面图上尺寸以米（m）为单位外，其他尺寸一律以毫米（mm）为单位。如果数字的单位不是毫米，必须注写清楚。

2. 图样的比例

图样上标出的尺寸并非实际长短，而是将所要绘的建筑物缩小几十倍或几百倍后绘在图上。图形尺寸与实物相对应的线性尺寸之比称为图样的比例。如果图样上用图面尺寸为 1 cm 的长度代表实物长度 1 m（100 cm），就称用这种缩小尺寸绘成的图的比例为 1∶100。

一般图样常用的比例见表 2—1。

表 2—1　**图样常用比例**

图名	常用比例	必要时可增加的比例
总平面图	1∶500、1∶1 000、1∶12 000	1∶2 500、1∶5 000、1∶10 000
专业的断面图	1∶100、1∶200、1∶1 000、1∶2 000	1∶500、1∶5 000
平面图、立面图、剖面图	1∶50、1∶100、1∶200	1∶150、1∶300
次要平面图	1∶300、1∶400	1∶500
详图	1∶1、1∶2、1∶5、1∶10、1∶20、1∶25、1∶50	1∶3、1∶4、1∶30、1∶40

看图样时，可以用比例尺去量取图上未标尺寸的部分，从而知道它的实际尺寸，如图 2—1 所示。

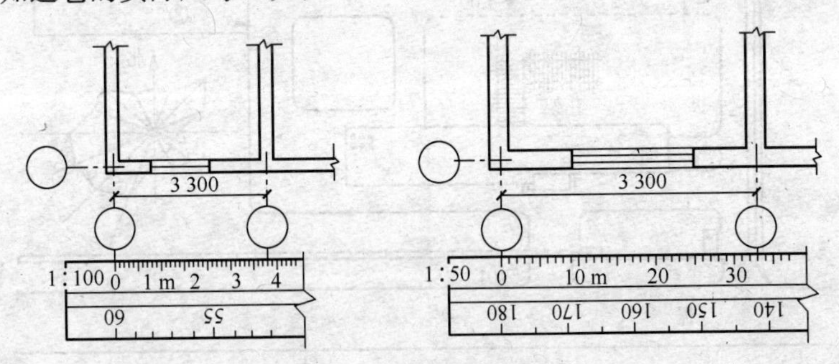

图 2—1　比例尺的使用

二、建筑区域和拟建工程平面位置的标定

1. 建筑区域的平面位置在图上的标定

在城市建设中，一般先要由有关管理机构批准使用土地的地点及范围大小，然后在地形图上用红线圈定并注明有关尺寸，以此作为建筑区域的界线，这就是常说的建筑红线。在设计和施工中不能超越此建筑红线。

2. 拟建建筑物的平面位置在图上的标定

建筑物的位置在设计图中都是固定的，这个位置和它所处的地理条件、本身的用途、工程总体布局等都有着密切的关系。因此，它的位置在施工中不能任意改变。新建建筑物和工程设施的平面位置在建筑总平面图上的标定方法有下列两种：

（1）对于小型工程，一般是以建筑区域内或邻近的永久固定设施（如建筑物、道路等）为依据，标定其相对位置，如图 2—2 所示为某学校学生宿舍工程建筑总平面图。

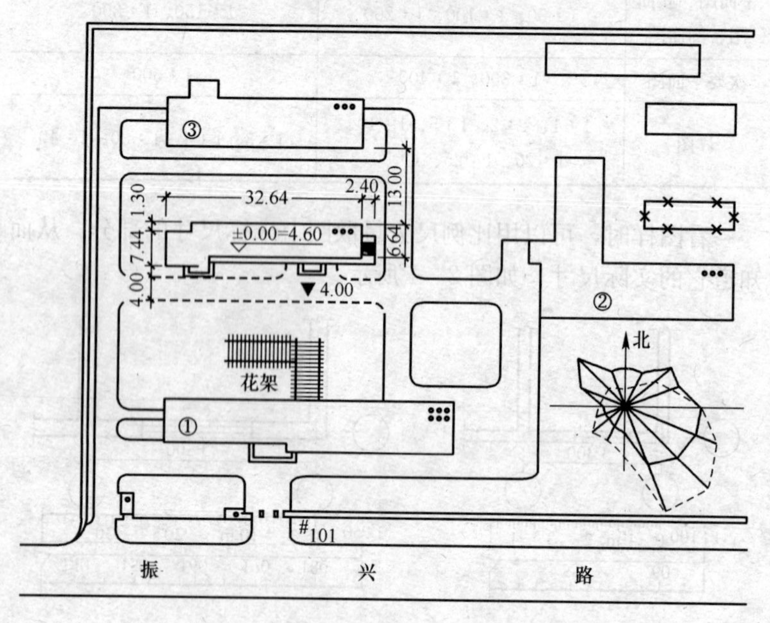

图 2—2　某学校学生宿舍工程建筑总平面图

说明：

1. 标高：底层室内标高±0.000 相当于绝对标高 4.600 m。

2. 定位：本工程北面墙与③楼间距为 13 m，西面墙与③楼西面墙取齐。

（2）对于大、中型工程，由于这类工程项目较多，规模较大，为了确保定位放线准确无误，通常用坐标网或规划红线来确定它们的平面位置。

在地形图上绘制正方格形的测量坐标网，它与地形图的比例相同，采用竖轴为 X 轴、横轴为 Y 轴的坐标系，并以 50 m×

50 m或100 m×100 m为一个方格，以此控制建筑物的平面位置，如图2—3所示为某厂生活区设施总平面图。

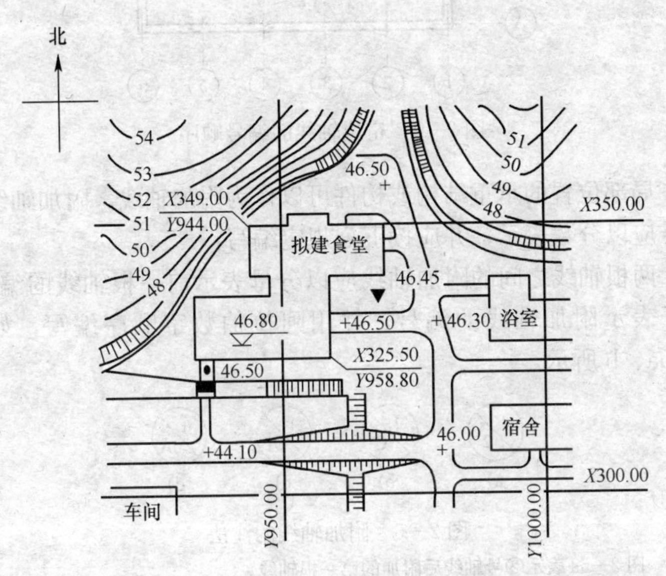

图2—3　某厂生活区设施总平面图

三、定位轴线

定位轴线是房屋的控制线，用来确定房屋主要承重结构或构件的位置。因此，施工图中墙、柱、梁、屋架等主要承重构件的位置处均应画定位轴线，并进行编号，以此作为设计与施工放线的依据。定位轴线应用点画线绘制。编号应注写在轴线端部的圆圈（直径为8 mm的细实线圆）内，详图上直径可增至10 mm。定位轴线圆圈的圆心应在定位轴线的延长线或延长线的折线上。

平面图上定位轴线的编号宜标注在图样的下方与左侧的圆圈内。横向编号应采用阿拉伯数字，从左至右顺序编写；竖向编号应采用大写拉丁字母，从下至上顺序编写，如图2—4所示。

拉丁字母I、O、Z不得用作轴线编号，以免与阿拉伯数字中的1、0、2相混淆。

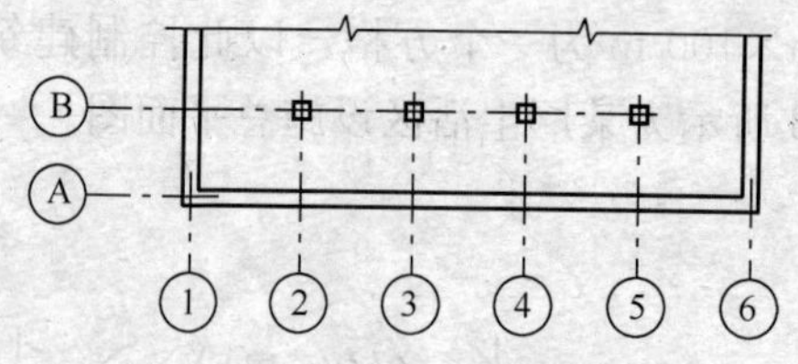

图 2—4 定位轴线的编号顺序

局部位置的承重结构或构件可以作为附加轴线。附加轴线的编号应以分数表示，并应按下列规定编写：

两根轴线之间的附加轴线应以分母表示前一根轴线的编号，分子表示附加轴线的编号，并用阿拉伯数字顺序编写，如图 2—5a、b 所示。

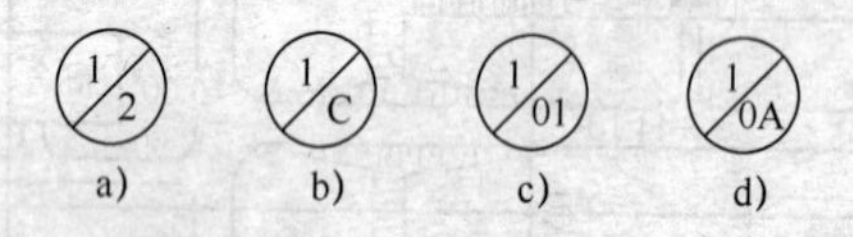

图 2—5 附加轴线的注法

图 2—5a 表示②号轴线后附加的第一根轴线；

图 2—5b 表示Ⓒ号轴线后附加的第一根轴线；

图 2—5c 表示①号轴线前附加的第一根轴线，分母应以 01 表示；

图 2—5d 表示Ⓐ号轴线前附加的第一根轴线，分母应以 0A 表示。

一张详图适用于几根定位轴线时，应同时注明各有关轴线的编号，通用详图的定位轴线应只画圆，不注写轴线号，如图 2—6 所示为详图轴线的编号。

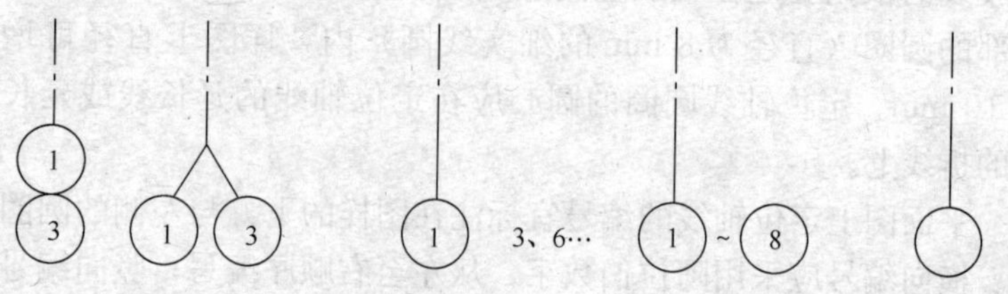

a）用于两根轴线　b）用于三根或三根以上的轴线　c）用于三根以上连续编号的轴线　d）通用详图的定位轴线

图 2—6 详图轴线的编号

四、标高

标高有绝对标高和相对标高两种。根据规定，凡标高的基准面以青岛市的黄海平均海平面为标高零点，由此而引出的标高称为绝对标高。根据工程需要，一般建筑施工图都以底层室内地面作为标高零点来确定建筑物各部位的标高，这类标高称为相对标高。标高应以米（m）为单位，注写到小数点后第三位。在总平面图中，可注写到小数点后第二位。零点标高注写成±0.000，高于零点的标高为正，正数标高不注“＋”；低于零点的标高为负，负数标高应注“－”，如3.000、－0.600等。

注写标高数字前，必须画标高符号。建筑物图上的标高符号用细实线绘制，其画法如图2—7a所示，如果标注位置不够，可按图2—7b的形式绘制，其中h根据需要而定，l应满足注写后匀称的要求。标高符号的尖端应指至被注高度的位置。尖端既可向下，也可向上。根据需要，标高数字既可向右注写，也可向左注写，如图2—8a所示。总平面图上的标高符号宜用涂黑的三角形表示，其画法如图2—8b所示。在图样的同一位置需表示几个不同的标高时，标高数字可按图2—8c的形式注写。

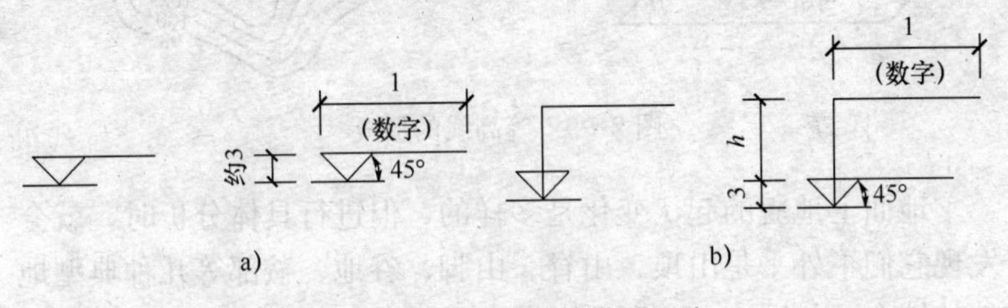

图2—7　建筑标高符号及画法

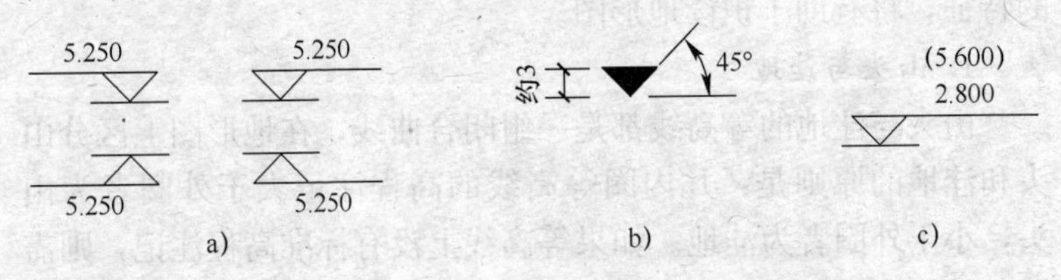

图2—8　标高注法

五、等高线

建筑总平面图可通过标高、等高线的标注来表明建筑物和建筑区域的室内外地面的高差、道路的竖向高度、地面高低起伏情况以及坡度等内容。

等高线是指将地面上高程相同的点相互连接起来形成的曲线，即将若干个不同高程的水平面与地面相交所截得的曲线，加上标高数字就称为等高线，如图 2—9 所示。它是表示地面上高度变化的符号。在图上，等高线之间的距离随地形的变化而变化，它们的距离越接近，表示地面越陡；反之，则表示地面越平坦。

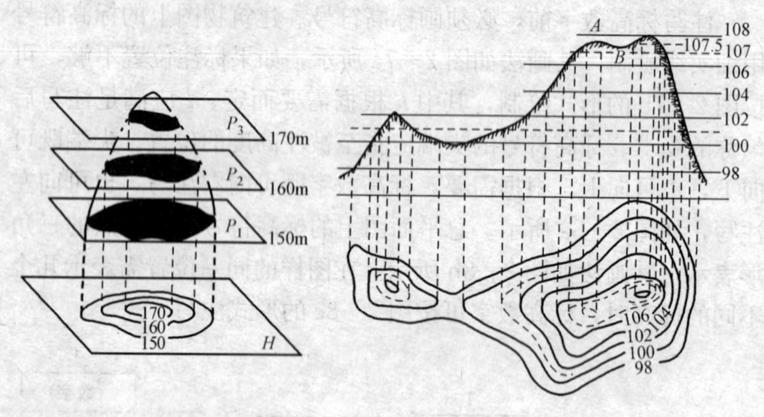

图 2—9　等高线的形成

地面上地貌的起伏变化是多样的，但进行具体分析时，就会发现它们不外乎是山顶、山脊、山脚、谷地、鞍部等几种典型地貌的综合，如图 2—10 所示。了解和熟悉用等高线表示典型地貌的特征，将有助于识读地形图。

1. 山头与洼地

山头与洼地的等高线都是一组闭合曲线，在地形图上区分山头和洼地的原则是：凡内圈等高线的高程注记大于外圈者为山头，小于外圈者为洼地。如果等高线上没有标准高程注记，则需用示坡线来表示。

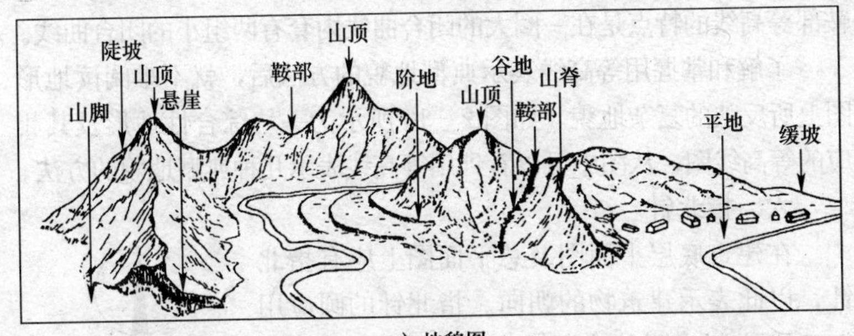

a) 地貌图

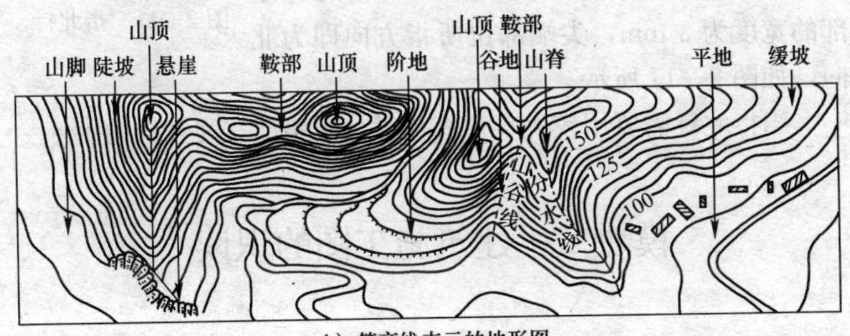

b) 等高线表示的地形图

图 2—10 地形地貌图

示坡线是一条垂直于等高线而指向下坡方向的细短线。示坡线从里圈指向外圈，说明中间高，四周低，为一山头；示坡线从外圈指向里圈，说明中间低，四周高，为一洼地。

2. 山脊与山谷

由若干山顶、鞍部相遇组合形成脊状延伸的凸棱部分称为山脊。山脊上相邻的最高点连成的线是雨水分流的界线，叫做山脊线或分水线。山脊的等高线表现为一组凸向低处的曲线。

在两山脊之间，向一个方向延伸的凹部称为山谷。山谷中最低点连成的谷底线是雨水汇合流动的地方，叫做山谷线或汇水线。山谷的等高线表现为一组凸向高处的曲线。

3. 鞍部

鞍部是指山脊上相邻两个山顶之间呈马鞍形的低凹部位，它往往是山区道路通过的地方，也是两个山脊与两个山谷汇合的地方。

鞍部等高线的特点是在一圈大的闭合曲线内套有两组小的闭合曲线。

了解和掌握用等高线表示典型地貌的方法后，就不难阅读地形图上所反映的复杂地貌。如图 2—10 所示为一块综合性地形及其相应的等高线图，从图中可以看到用等高线表示几种典型地貌的方法。

六、指北针

在建筑底层平面图及总平面图上应有指北针，以此表示建筑物的朝向。指北针的圆应用细实线绘制，圆的直径为 24 mm，指北针尾部的宽度为 3 mm，尖端部位所指方向即为北向，如图 2—11 所示。

图 2—11　指北针

当指北针需要用较大直径表示时，其尾部宜为直径的 1/8。

模块二　建筑施工图的识读

建筑施工图是建筑工程的语言，是用来表达建筑物的构（配）件组成、平面布局、外形轮廓、装饰装修尺寸、结构构造和材料做法的工程图样。建设人员按照图样要求施工，最终就能形成工程实物。

一、房屋各组成部分及其作用

现以一幢学生宿舍为例，如图 2—12 所示，说明房屋的各组成部分及其作用。

楼房的第一层称为底层（也称为一层或首层），往上数，称为二层、三层、……、顶层（本例的三层即为顶层）。房屋由许多构件、配件和装修构造构成，从图 2—12 中可知它们的名称和位置。这些构件、配件和装修构造，有些起着直接或间接地支承风、雪、人、物等载荷的作用，如屋面、楼面、梁、墙、基础等；有些起着防止风、沙、雨、雪和阳光的侵蚀或干扰的作用，如屋面、雨篷和外墙等，如图 2—13 所示；有些起着沟通房屋内外或上下交通的作用，如门、走廊、楼梯、台阶等；有些起着通风、采光的作用，如窗等；有些起着排水的作用，如天沟、雨水管、散水、明沟等；有些起着保护墙身的作用，如勒脚、防潮层等。

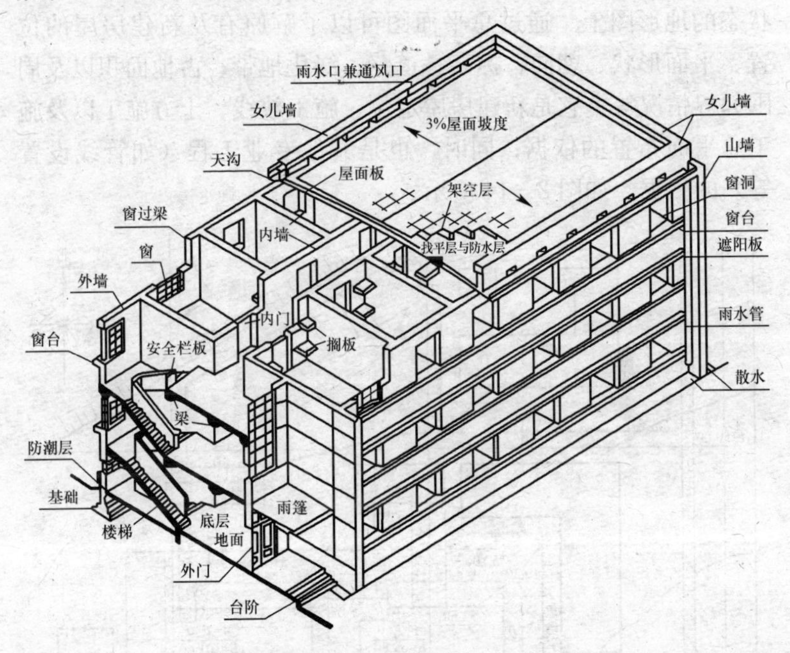

图 2—12　房屋的组成

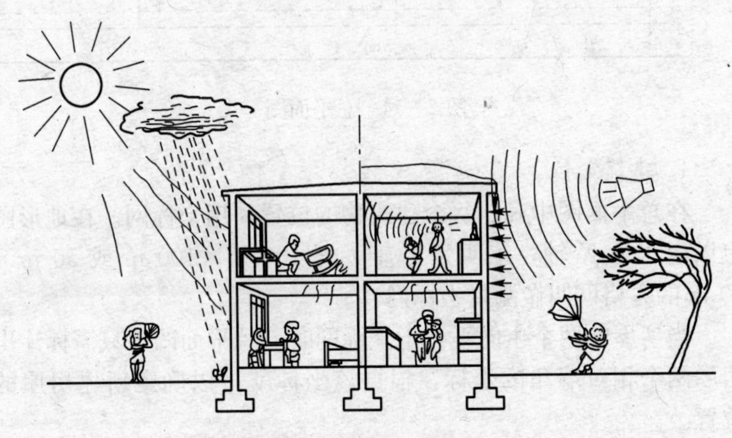

图 2—13　墙体的作用

二、总平面图的识读

总平面图是用于表达工程总体布局的图样，它画在表示自然状态的地形图上。通过总平面图可以了解原有及新建房屋的位置、平面形状、朝向、标高、道路、绿化地带、占地面积以及周围邻界情况等。它是新建房屋定位、施工放线、土方施工以及施工总平面布置的依据；同时，也是其他专业工程（如管线设置等）的依据，如图 2—14 所示。

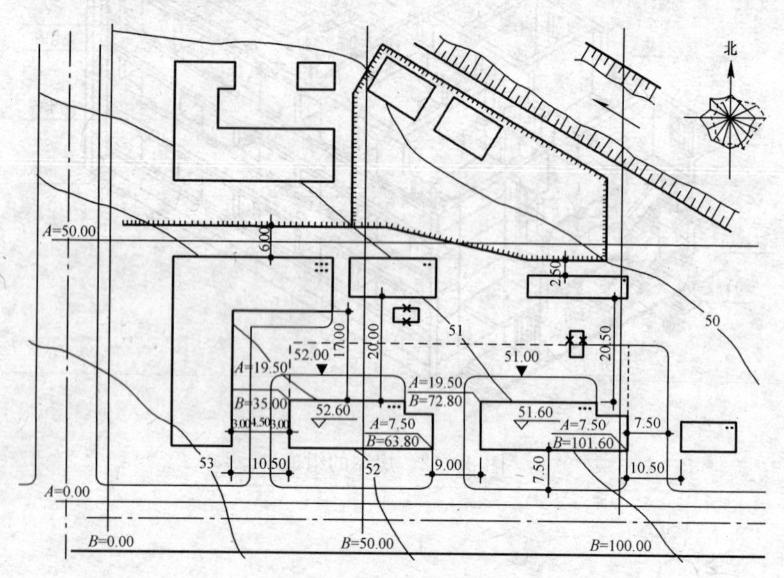

图 2—14　总平面图

1. 建筑定位

在总平面图中确定每个建筑物的位置采用坐标网。在地形图上以南北为 X 轴，东西为 Y 轴，把 100 m×100 m 或 50 m×50 m 的方格网叫做测量坐标网。

当房屋的两个主向平行于坐标网时，总平面图中只需标注出房屋两个相对墙角的坐标，根据该坐标就可以确定新建房屋的位置。

当房屋的两个主向与测量坐标网不平行时，一般有一个与房屋两个主向平行的坐标网，叫做建筑坐标网。建筑坐标网的确定是在图中选定适当位置为坐标原点，以 A、B 为坐标轴。在新建房屋两个相对墙角处标有 A、B 坐标，根据 A、B 坐标值就可以确定新建房屋的位置。

如图 2—14 所示，西侧一幢两个相对墙角的坐标为 $\frac{A=19.50}{B=35.00}$、$\frac{A=7.50}{B=63.80}$。根据坐标除能确定房屋位置外，还能算出其总长和总宽（总长为 63.80 m−35.00 m=28.80 m，总宽为 19.50 m−7.50 m=12.00 m）。

在场地不大、建筑物较少的平面图中一般没有坐标网，只需注出新建房屋与邻近原有建筑物间在两个方向的距离，便可确定其位置。

2. 总平面图中的图例

在总平面图中，地形的起伏状态用等高线表示；而地物由于比例很小，只能用标准中规定的图例表示。总平面图中一些常用的图例见表 2—2。

表 2—2　　　　总平面图常用图例

图例	名称	图例	名称
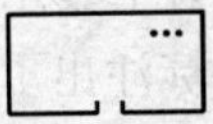	新设计的建筑物，右上角以点数表示层数		原有的道路
	原有的建筑物		计划的道路
	计划扩建的建筑物或预留地		公路桥 铁路桥
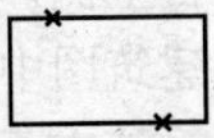	拆除建筑物	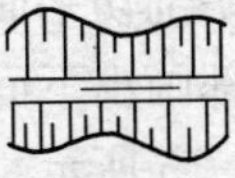	截水沟或排水沟
	表示砖石、混凝土及金属材料围墙		护坡

续表

图例	名称	图例	名称
154.20	室内地面标高		风向频率玫瑰图
▼ 143.00	室外整平标高		指北针

对照表 2—2 可以看出，图 2—14 中拟建房屋的平面图形是用粗实线表示的，原有房屋的平面图形是用细实线表示的，其中打叉的是应拆除的建筑。各平面图形中的小黑点表示该建筑物的层数。带有圆角的平行细实线表示原有的道路，规划的道路用平行的虚线表示，每个入口均有道路相连。道路或建筑物之间的空地设有绿化地带。从图 2—14 中的等高线可以看出：西南地势高，坡向东北，在东北部有一条河从东南流向西北，河的两侧有护坡。同时，还标明了道路的宽度、道路与房屋的间距、拟建房屋与原有房屋的间距等。

3. 绝对标高

等高线上所标注的高度是绝对标高。我国把青岛附近黄海的平均海平面定为绝对标高的零点，图 2—14 中标注有 52 的等高线，表示该等高线高出海平面 52 m。在总平面图中为了表示每个建筑物与地形之间的高度关系，在房屋平面图形中标注出了底层地面的绝对标高。根据等高线与底层地面的标高，可以看出施工时是填土还是挖土。在总平面图中，除了建筑物注有标高外，在构筑物、道路中心线交叉点等处也注有标高。

三、建筑平面图的识读

1. 建筑平面图的形成和作用

假想用一个水平剖切平面沿房屋的门窗洞口（窗台上侧）把房屋切开，移去上部画出下面部分的水平剖面图，在建筑图中称为平面图，如图 2—15 所示。一般来说，房屋有几层，就应画出几个平面图。沿底层门窗洞口切开所得的平面图称为底层平面图或首层平面图；最上面一层的平面图称为顶层平面图；如果中间各层房间布局完全一样，可画一张标准层平面图代表中间各层平面图。此外还有屋面平面图，即房屋顶面的水平投影。

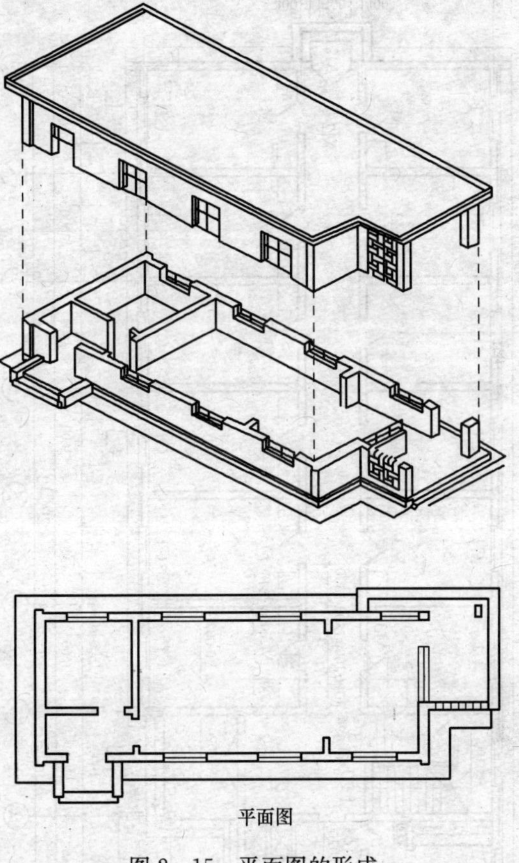

图 2—15　平面图的形成

建筑平面图主要用来表示房屋的平面形状和大小，内部功能的分割，房间的大小，楼梯、门窗的位置和大小，墙厚等。在施工过程中，放线、砌筑墙体以及安装门窗等都要用到平面图。如图 2—16a 所示为一幢学生宿舍楼的底层平面图，该图除表示了宿舍楼的内部情况外，还反映出了室外的台阶、花池、散水、雨水管的形状和位置。如图 2—16b 所示为该学生宿舍楼的二层平面图。

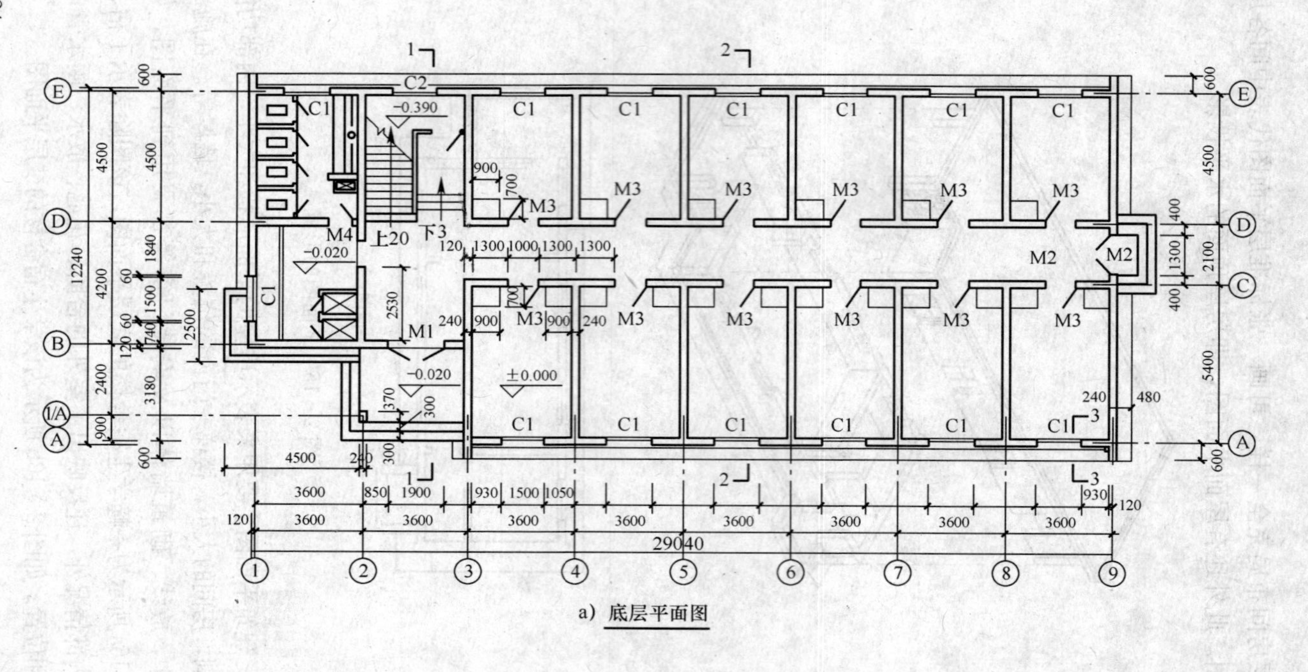

C1
C2
M1
M2
M3
M4
上20
下3
−0.390
−0.020
±0.000
12240
29040
4500
4200
2400
900
600
1840
1500
740
3180
2500
2530
5400
2100
1300
400
3600
850
1900
930
1050
1000
240
480
370
300
120
60
1
2
3
4
5
6
7
8
9
A
1/A
B
C
D
E

a）底层平面图

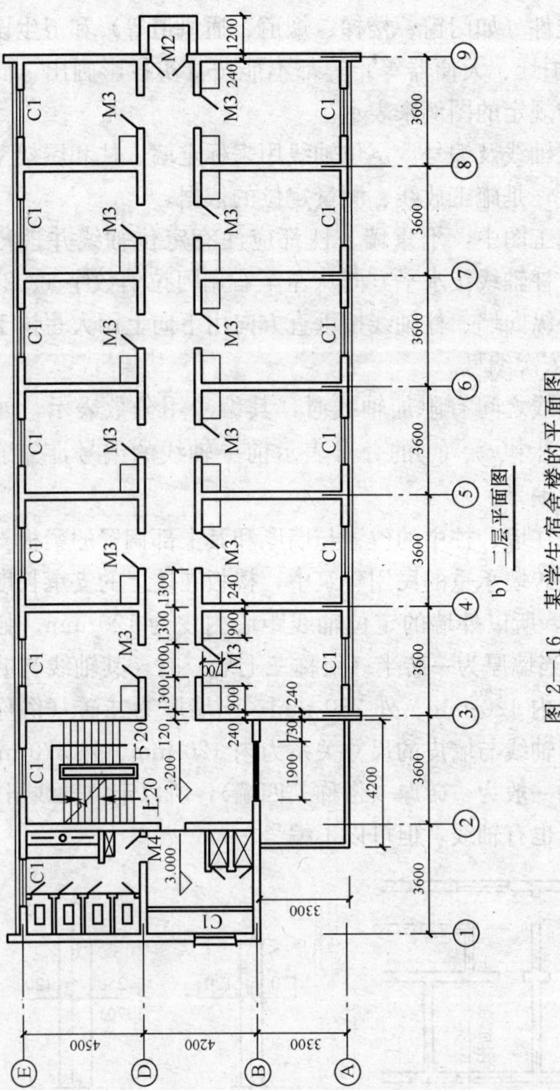

b) 二层平面图

图 2—16　某学生宿舍楼的平面图

2. 建筑平面图的内容

（1）图例。由于房屋的绘图比例较小，所以，在平面图中对房屋的建筑配件（如门窗、楼梯、烟道、通风道等）和卫生设备（如洗脸盆、炉灶、大便器等）等都不能按真实投影画出，而要用绘图标准中规定的图例来表示。

（2）定位轴线及编号。定位轴线用来标定墙、柱和屋架等承重构件的位置，是施工放线、测量定位的依据。

在房屋施工图中，承重墙、柱都应注有定位轴线并进行编号。横向墙、柱轴线按水平方向从左至右用阿拉伯数字 1、2、3 等依次编号。纵向墙、柱轴线按垂直方向由下向上用大写拉丁字母 A、B、C 依次编号。

在两条轴线之间有附加轴线时，其编号用分数表示，如图 2—17 所示，图中⑴/⑵、⑴/⒝的分母表示前一轴线的编号，分子表示附加轴线的编号。

定位轴线在墙、柱中的位置与墙厚和其上部搁置的梁板支承长度有关。在砖墙承重的民用建筑中，楼板在墙上的支承长度一般为 120 mm，所以外墙的定位轴线距墙内皮为 120 mm。如图 2—18 所示，当墙厚为一砖半（俗称三七墙）时，其轴线与墙皮的尺寸关系为内 120 mm、外 250 mm；当墙厚为二砖（俗称四九墙）时，其轴线与墙皮的尺寸关系为内 120 mm、外 370 mm；由于内承重墙一般为一砖厚（俗称二四墙），所以定位轴线居中。非承重的隔墙也有轴线，但可以不编号。

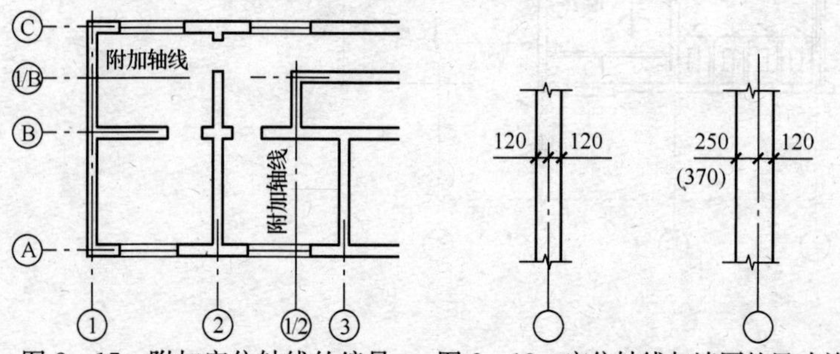

图 2—17　附加定位轴线的编号　　图 2—18　定位轴线与墙厚的尺寸关系

(3) 尺寸标注。需要说明的是，在施工图中除标高以“m”为单位外，其余全部以“mm”为单位。图中注有外部和内部尺寸。从各道尺寸的标注可以了解各房间的开间、进深、门窗及室内设备的大小和位置。

1) 外部尺寸。为便于读图和施工，一般在图形的下方及左侧注写三道尺寸。

①第一道尺寸。表示外轮廓的总尺寸，即从一端的外墙边到另一端的外墙边的总长和总宽尺寸。如图 2—16a 中所示的总长为 29 040 mm，总宽为 12 240 mm。

②第二道尺寸。表示轴线间的距离，用来说明房间的开间及进深尺寸。横向轴线间的尺寸称为开间尺寸，如图 2—16a 中房间的开间尺寸 3 600 mm；纵向轴线间的尺寸称为进深尺寸，如图 2—16a 中南面房间的进深尺寸是 5 400 mm，北面房间的进深尺寸是 4 500 mm。

③第三道尺寸。表示各细部的位置及大小，如门窗洞宽和位置、柱的大小和位置等。标注这道尺寸时应与轴线联系起来，如图 2—16a 所示，房间的 C1 窗宽度为 1 500 mm，窗边距轴线为 1 050 mm。

另外，台阶（或坡道）、花池及散水等部位的尺寸单独标注。如果房屋前后或左右不对称时，平面图上四边都应注写三道尺寸。如有些部分相同，另一些部分不同时，只需注写不同部分的尺寸。

2) 内部尺寸。为了说明室内的门窗洞、墙厚和固定设备（如厕所、盥洗室、工作台、搁板等）的大小和位置，以及室内楼地面的高度，应在平面图上清楚地注写出相关的内部尺寸和楼地面相对标高。相对标高就是假定底层地面的标高为±0.000，注写出各层楼面相对于底层地面的高度，高于它为正，但不注写符号“+”；低于它为负，要注写符号“−”。标高的尺寸单位为“m”，注写到小数后三位数字。如图 2—16a 所示的盥洗室地面标高是−0.020，即表示该处地面比房间地面低 20 mm。

（4）门窗编号。在平面图中，门窗按规定的图例画出。为了区别门窗的类型和便于统计，应在门窗洞口旁侧进行编号，然后根据编号单独列出门窗统计表。平面图中的 M1、C1 等即为门、窗的编号，其中字母 M 是门的代号，C 是窗的代号。各编号所代表门窗的类型、尺寸、数量可从表 2—3 中查得。

表 2—3　　　　　　　　　　门窗统计表

编号	门窗洞尺寸（mm） 宽×高	数量	所在标准图集编号	说明
M1	1 900×2 700	1	XJ 604	
M2	1 300×2 700	3	XJ 604	
M3	1 000×2 700	36	XJ 602	最顶一块门心板改为玻璃
M4	800×2 700	3	ZJ 604	
M5	800×2 000	1	ZJ 602	无亮子
C1	1 500×1 800	42	ZJ 703	
C2	1 500×580	1	ZJ 703	

四、建筑立面图的识读

1. 建筑立面图的形成及作用

用平行于建筑物各个外墙面的投影面作正投影所得到的正投影图称为建筑立面图，简称立面图，如图 2—19 所示。

根据各立面所处的位置不同，按不同的命名方式，立面图有不同命名。

（1）按所处的方位不同分。东立面图、南立面图、北立面图、西立面图。

（2）按轴线位置不同分。①～⑨立面图、⑨～①立面图、Ⓐ～Ⓔ立面图、Ⓔ～Ⓐ立面图。

（3）按所处的位置不同分。正立面图、背立面图、右侧立面图、左侧立面图。

立面图主要用来表示房屋外部的造型，如立面的形状、屋

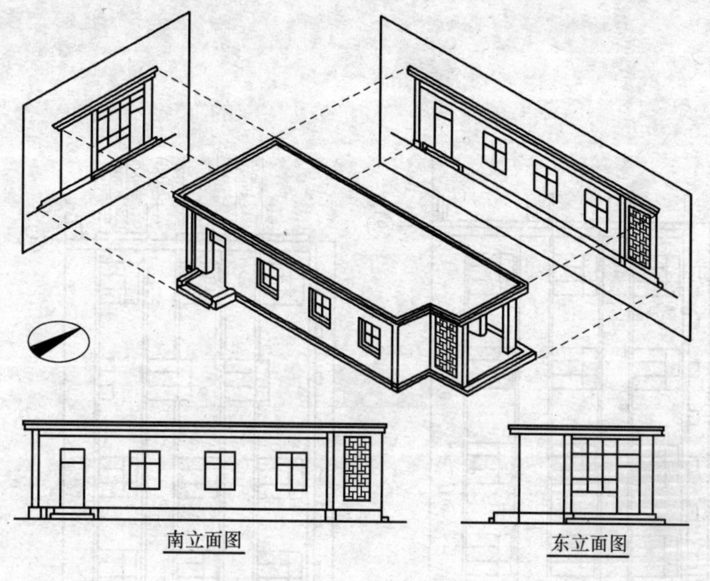

图 2—19　立面图的形成

顶以及门窗、阳台、台阶、雨篷、柱、雨水管等的样式和位置。此外，还用于表示墙面、勒脚、屋面等的用料和墙面装饰的划分方法。

2. 标注

（1）定位轴线。在立面图中一般只画出两端的定位轴线及编号，以便与平面图对照来确定立面图的方向，如图 2—20a 所示的①、⑨和图 2—20c 所示的Ⓔ、Ⓐ。

（2）尺寸标注。在立面图中一般只注写相对标高而不注写大小尺寸，通常要注出室外地坪、出入口地面、勒脚、窗台、门窗顶及檐口等处的标高。当房屋立面左右对称时，一般注在左侧；不对称时，左右两侧均要标注。

（3）外部装饰标注。外墙面根据装饰要求，应注有各部位的具体做法，如水刷石、面砖、搓沙等。这些墙面做法在立面图上除用部分图例表示外，还应用文字加以说明，如图 2—20a、b、c 所示。

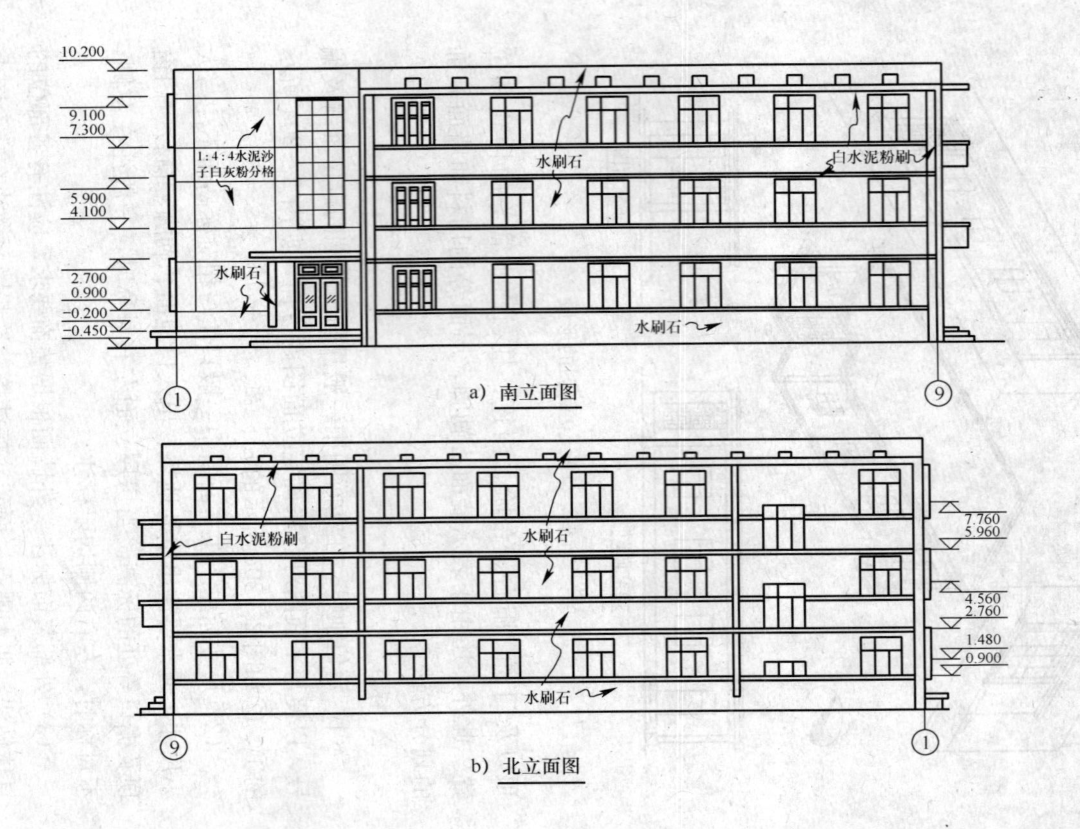
10.200
9.100
7.300
5.900
4.100
2.700
0.900
-0.200
-0.450
1:4:4水泥沙
子白灰粉分格
水刷石
水刷石
白水泥粉刷
水刷石
1
9
7.760
5.960
4.560
2.760
1.480
0.900
白水泥粉刷
水刷石
水刷石
9
1

a） 南立面图

b） 北立面图

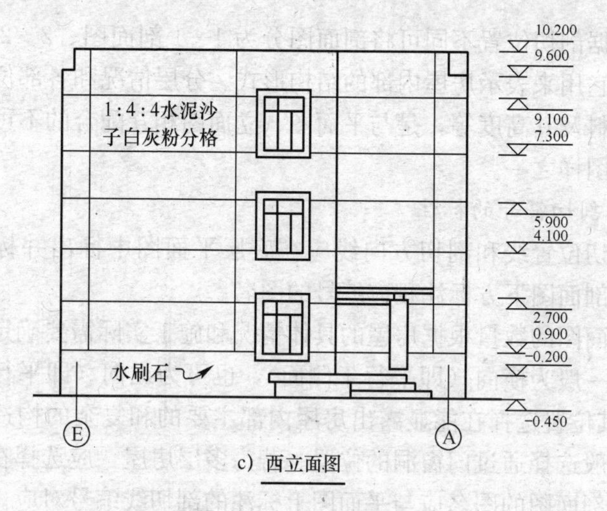

c）西立面图

图 2—20　建筑立面图

五、建筑剖面图的识读

1. 建筑剖面图的形成及作用

假想用一个垂直剖切平面把房屋剖开，移去靠近观察者的部分，对留下的部分作正投影，所得到的正投影图称为建筑剖面图，简称剖面图，如图 2—21 所示。

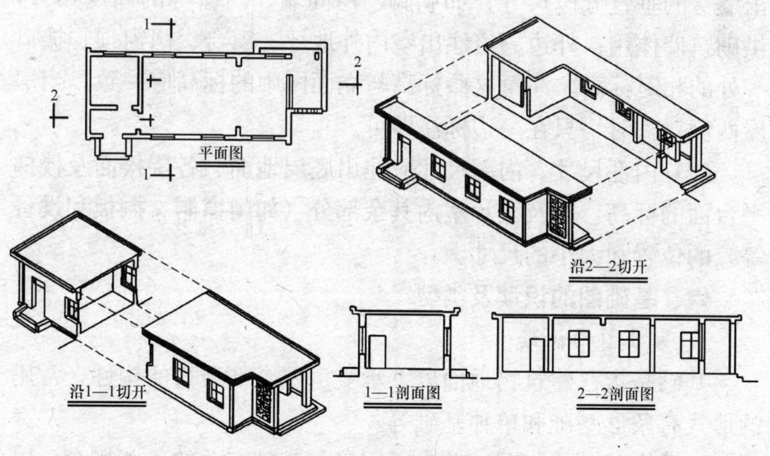

图 2—21　剖面图的形式

根据剖切位置不同可将剖面图分为1—1剖面图、2—2剖面图等，它用来表示房屋内部的结构形式、分层情况和各部位的联系、材料及其高度等，是与平面图、立面图相互配合的不可缺少的重要图样之一。

2. 剖切符号的标注

剖切位置线和剖切方向线应在底层平面图中标出并标注编号，在剖面图下方标注相应编号的图名。

剖面图的数量根据房屋的具体情况和施工实际需要确定。剖切平面一般为横向（即平行于侧面），也可为纵向（即平行于立面），其位置选择在能显露出房屋内部主要的和复杂的构造的地方，一般选择通过门窗洞的位置。若为多层房屋，应选择在楼梯间处。剖面图的图名应与平面图上标注的剖切线编号对应。如图2—22所示的1—1剖面图、2—2剖面图，把图名和轴线编号与平面图上的剖切线和轴线编号相对照，可知1—1剖面图是一个横剖面，剖切面通过楼梯间，2—2剖面图是剖切后向左进行投影而得到的剖面图。

3. 尺寸标注

（1）外部尺寸。在外墙上一般应注出两道尺寸：里边一道注出墙身的垂直分段尺寸，如勒脚、窗间墙、门窗等的高度尺寸，供砌筑墙体用；外边一道注出室内外地坪、窗台、门窗顶、檐口等处的相对标高。注意这些标高与立面图中的标高应一致。当房屋两侧对称时，只在一边标注即可。

（2）内部尺寸。内部尺寸应注出底层地面、各层楼面及楼梯平台面的标高，以及表示室内其余部分（如门窗洞、搁板和设备等）的位置和大小的尺寸。

六、基础图的识读及类型

1. 基础图的识读

基础是指在建筑物地面以下承受房屋全部载荷的构件，常用的形式有条形基础和单独基础等。

要看懂基础施工图，首先要明确与基础有关的一些概念。以

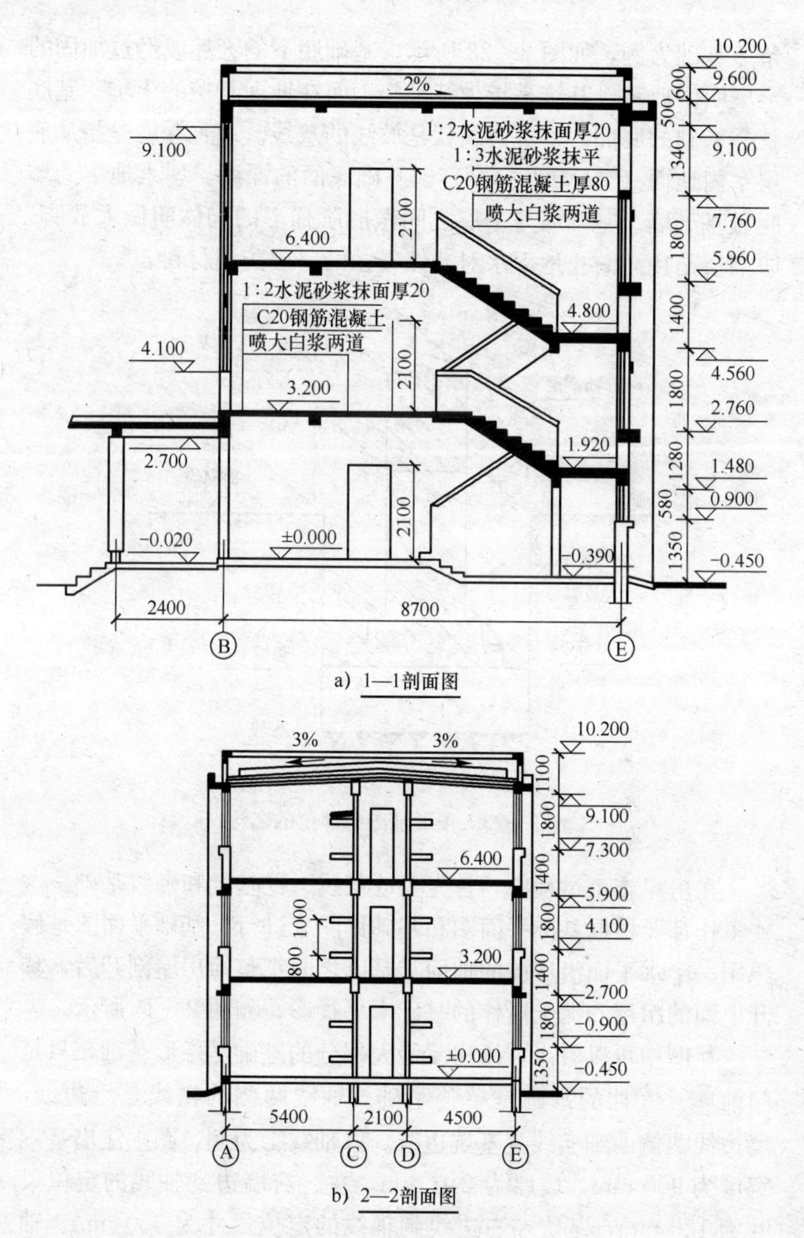

10.200
9.600
9.100
7.760
5.960
4.800
4.560
2.760
1.480
0.900
-0.450
600
500
1340
1800
1400
1800
1280
580
1350
2%
1:2水泥砂浆抹面厚20
1:3水泥砂浆抹平
C20钢筋混凝土厚80
喷大白浆两道
9.100
6.400
2100
1:2水泥砂浆抹面厚20
C20钢筋混凝土
喷大白浆两道
4.100
3.200
2100
1.920
2.700
2100
-0.020
±0.000
-0.390
2400
8700
B
E
a) 1—1剖面图
3%
3%
10.200
1100
1800
9.100
7.300
6.400
1400
5.900
1800
4.100
1000
800
3.200
1400
2.700
1800
0.900
1350
±0.000
-0.450
5400
2100
4500
A
C
D
E
b) 2—2剖面图

图 2—22　建筑剖面图

条形基础为例，如图 2—23 所示，基础底下的天然或经过加固的土壤叫做地基。基坑是指为基础施工而在地面开挖的土坑。基底就是基础的底面。基坑边线就是放线的灰线。埋置深度是指从底层室内地面（±0.000 标高）到基础底面的深度。埋入地下的墙叫做基础墙。基础墙与垫层之间做成阶梯形的砌体叫做大放脚。防潮层是用于防止地下水对墙体侵蚀的一层防潮材料。

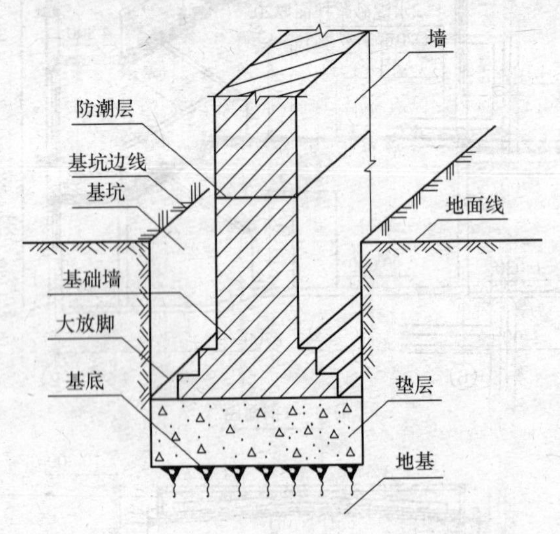

图 2—23　条形基础各部位的名称

在房屋施工过程中，首先要放灰线、挖基坑和砌筑基础。这些工作都要根据基础平面图和基础详图来进行。基础平面图是假想用一个水平面沿房屋的地面与基础之间把整幢房屋剖开后，移开上面的房屋和泥土所作的基础水平投影，如图 2—24 所示。

从图中可以看出，该房屋绝大部分的基础是条形基础，只是门前⑴⁄Ⓐ—②柱的基础是单独基础。轴线两侧的粗线是墙边线，墙边线两侧的细实线是基坑边线。以轴线①为例，图中注出基础宽度为 900 mm，墙厚为 240 mm，左、右墙边到轴线的定位尺寸为 120 mm，基坑左右边线到轴线的定位尺寸为 450 mm。轴线Ⓔ和轴线①相交的屋角处有管洞通过基础，其标高为−1.450 m。

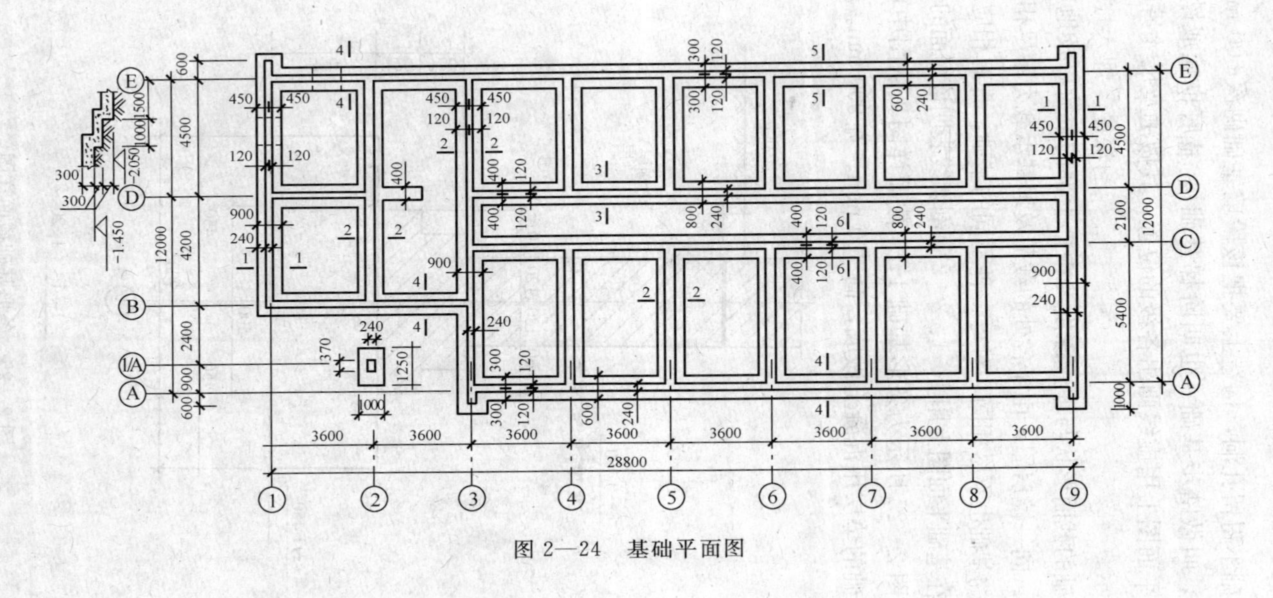

E
D
C
B
1/A
A
1
2
3
4
5
6
7
8
9
3600
28800
12000
4500
4200
2400
900
600
2100
5400
1000
1250
370
240
450
120
300
400
800
-2.050
-1.450
500

图 2—24　基础平面图

由于基础不得留孔洞，构造上要把该段墙基础砌深 600 mm，成踏步形，叫做踏步基础（也叫阶梯基础）。基底也挖成踏步形。在基础平面图上用虚线画出各级的位置，其做法及尺寸另用截面详图表示。

基础的截面形状与埋置深度要根据上部的载荷以及地基承载力而定。同一幢房屋，由于各处的载荷及地基承载力不尽相同，所以下面的基础也不尽相同。对每一种不同的基础，都有相应的截面图，并在基础平面图上用 1—1、2—2 等剖切线表明该截面的位置。

如图 2—25 所示为条形基础 1—1 截面详图。从图中可以看出，基础的垫层用混凝土做成，高 300 mm、宽 900 mm。垫层上

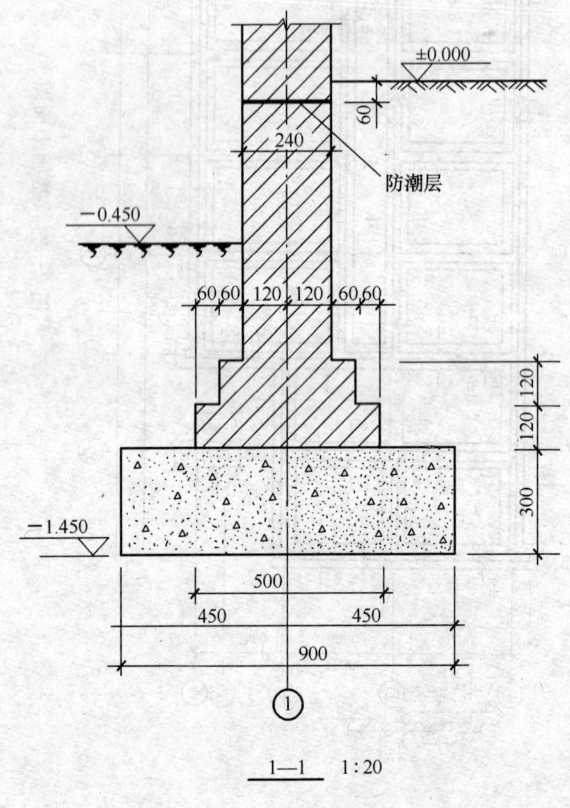

图 2—25 条形基础截面详图

面是两层大放脚，每层高 120 mm，即砌两层砖，底层宽 500 mm，每层每侧缩 60 mm，墙厚 240 mm。图中注出室内地面标高 ±0.000，室外地坪标高 −0.450 m 和基础底面标高 −1.450 m。此外，还注出防潮层距室内地面 60 mm、轴线到基坑边线的距离 450 mm 和轴线到墙边的距离 120 mm 等。

2. 基础类型

基础的类型是由建筑上部结构形式、载荷大小、土质情况以及基础所使用的材料决定的。按基础的形式不同可分为条形基础、独立基础、整片基础及桩基础；按基础使用的材料不同可分为砖基础、毛石基础、混凝土基础、钢筋混凝土基础等。

（1）按基础形式分类

1）条形基础。当上部结构采用砖墙承重时，基础多做成条形基础，如图 2—26 所示。

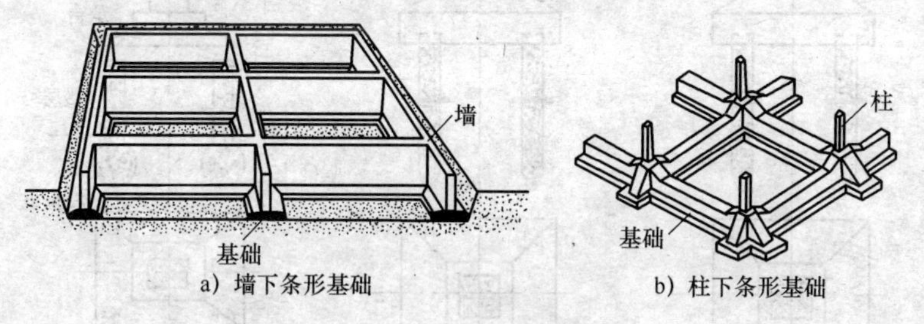

a）墙下条形基础　　b）柱下条形基础

图 2—26　条形基础

2）独立基础（见图 2—27）。

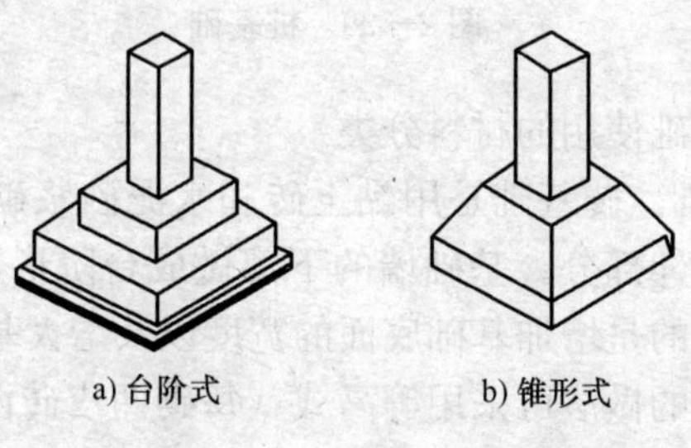
a) 台阶式　　b) 锥形式

图 2—27　独立基础

3）整片基础（见图 2—28）。

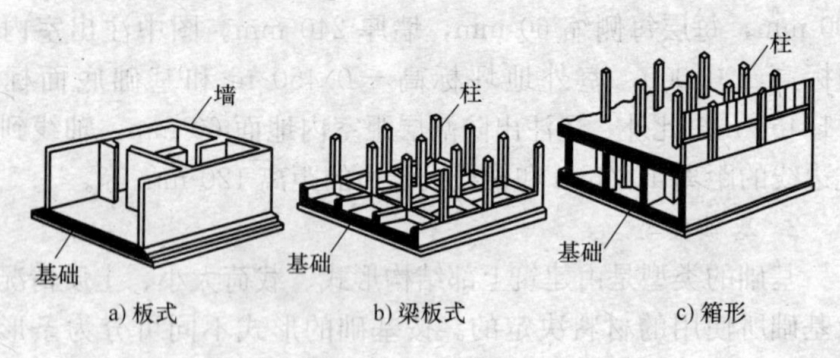

图 2—28　整片基础

4）桩基础（见图 2—29）。

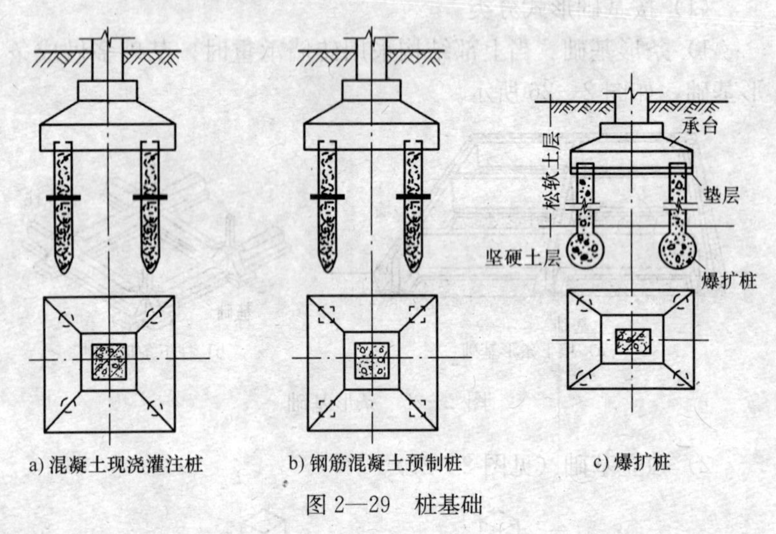

图 2—29　桩基础

（2）按基础使用的材料分类

1）砖基础。砖基础是用黏土砖和水泥砂浆砌筑而成，基础墙是砖墙的延伸部分。基础墙的下部做成台阶形，叫做大放脚。做大放脚的目的是增加基础底面的宽度以及增大基础底部的受力面积。大放脚的做法可采用等高式（每砌两皮砖两边各收进 1/4 砖长）或间隔式（两皮一收与一皮一收交替，每次收进 1/4 砖长），如图 2—30 所示。

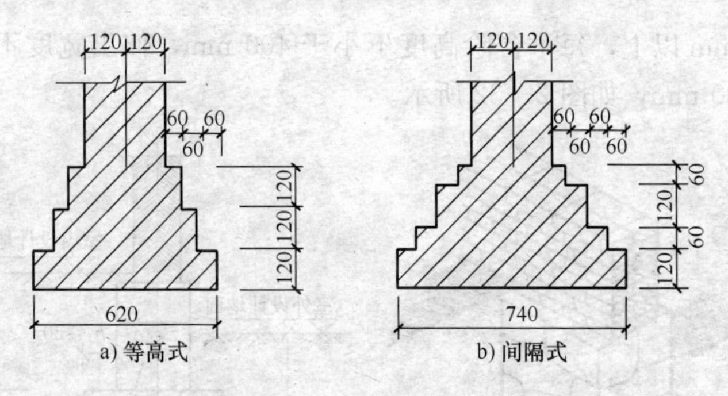

图 2—30　砖砌基础大放脚

为了节省大放脚的材料，在地下水位较低的情况下及中、小型建筑物的基础，可在大放脚下面设置垫层。砖基础取材容易，施工简便，但强度低，耐久性和抗冻性比较差。砖基础构造如图 2—31 所示。

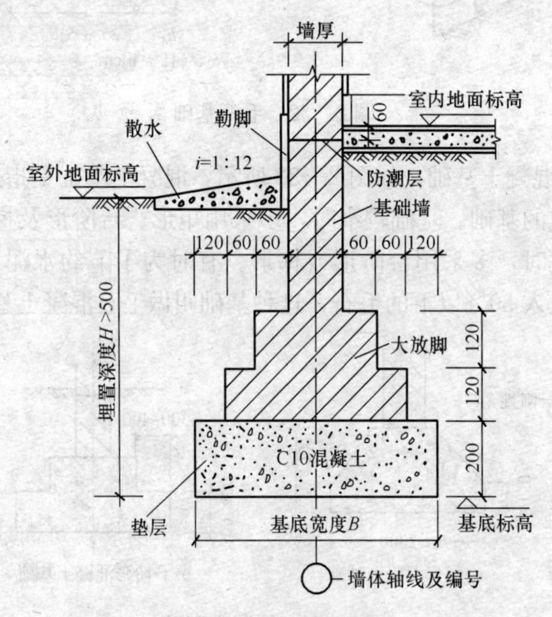

图 2—31　砖基础构造

2）毛石基础。毛石基础是指用毛石和水泥砂浆砌筑而成的基础。毛石基础的断面形式为矩形或阶梯形，基础上部宽出墙身

100 mm 以上，每个台阶高度不小于 400 mm，伸出宽度不宜大于 200 mm，如图 2—32 所示。

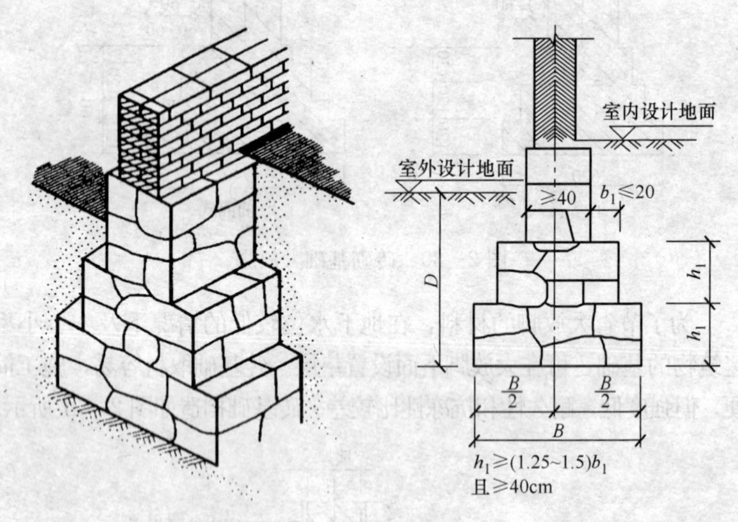

图 2—32　毛石基础

3）混凝土基础。如图 2—33 所示，混凝土基础是指用混凝土浇捣而成的基础。基础较窄时，多采用矩形、台阶形及梯形截面；基础较宽时，多采用台阶形或梯形。有时为了节约水泥，可在混凝土中投入 30%以下的毛石，这种基础叫做毛石混凝土基础。

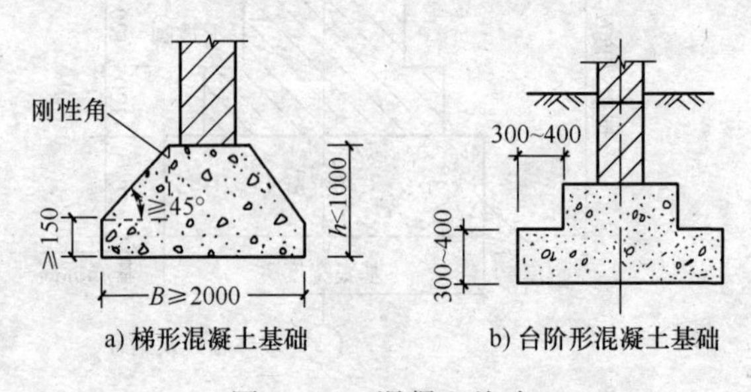

图 2—33　混凝土基础

4）钢筋混凝土基础。钢筋混凝土基础中钢筋抗拉能力很强，基础承受弯曲的能力较大，因此，基础底面宽度不受高宽比的限制。一般混合结构房屋较少采用此种基础，只有在上部载荷较大、地基承受能力较弱时才采用，如图 2—34 所示。

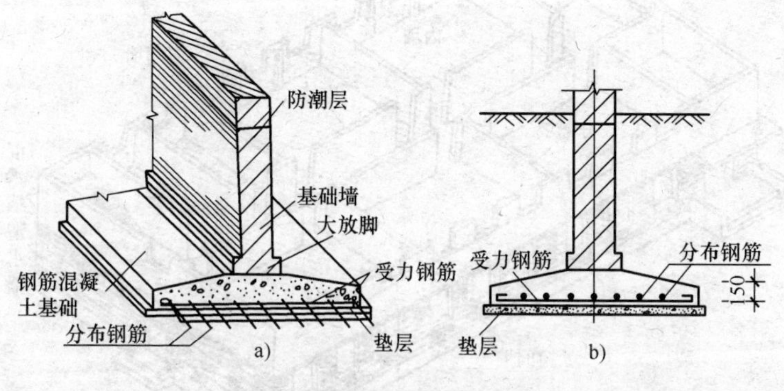

图 2—34　钢筋混凝土基础

七、墙体识读

1. 墙体的类型及承重形式

(1) 墙体的类型。在房屋建筑中，按墙体在平面上的位置不同分为外墙和内墙。外墙是指房屋四周与室外接触的墙，内墙是指位于房屋内部的墙。

按墙的布置方向不同分为纵墙和横墙。与建筑物短轴方向一致的墙称为横墙，与建筑物长轴方向一致的墙称为纵墙。外横墙习惯上称为山墙。墙体分类如图 2—35 所示。

(2) 墙体的承重形式

1) 横墙承重。横墙承重是指将梁或楼板搁置在横墙上，由横墙承受主要的垂直载荷，如图 2—36a 所示。一般住宅多采用这种承重形式。

2) 纵墙承重。纵墙承重就是把梁或楼板搁置在纵墙上，多用于开间要求较大的建筑，如图 2—36b 所示。

3) 纵墙和横墙混合承重。纵墙和横墙混合承重就是把梁或楼板同时搁置在纵墙和横墙上，其特点是房间布置灵活，整体刚度高，如图 2—36c、d 所示。

4) 墙与柱混合承重。墙与柱混合承重又称内框架承重，它

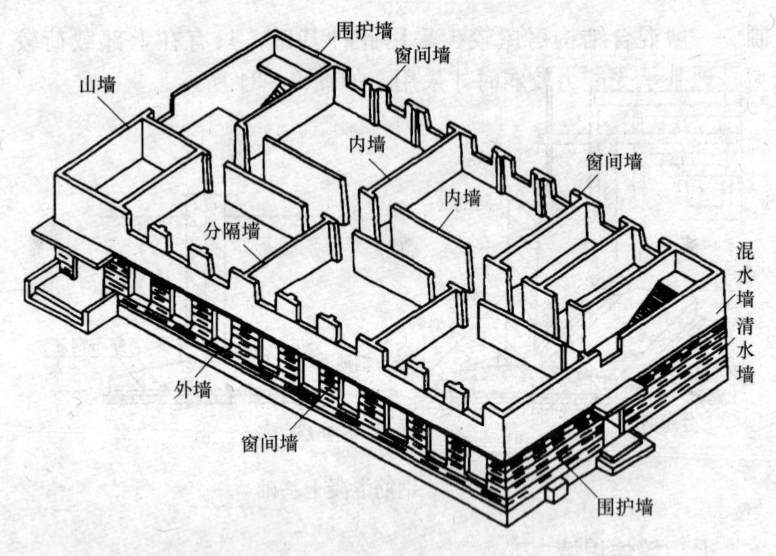

图 2—35　墙体分类

是指房间内部由梁和柱形成承重体系，房屋四周由纵墙和横墙承重。其特点是房屋空间大，布置灵活，整体性能、抗震性能较好，如图 2—36e 所示。

（3）墙身详图。如图 2—37 所示，墙身详图实际上是建筑剖面图的局部放大图，它表示房屋的屋面、楼面、地面和檐口构造，楼板与墙的连接，门窗顶、窗台和勒脚、散水等处构造的情况，是施工的重要依据。

1）根据剖面的编号对照图 2—16a 平面图上相应的剖切线 3—3，可知该剖面的剖切位置和投影方向。在详图中，对屋面、楼面和地面的构造用多层构造说明方法来表示。

2）从檐口部分可了解屋面的承重层、女儿墙、防水及排水的构造。从楼板与墙身连接部分可了解各层楼板（或梁）的搁置方向及与墙身的关系。从剖面图中还可以看出窗台、窗过梁（或圈梁）的构造情况。从勒脚部分可知房屋外墙的防潮、防水和排水的做法。

3）在详图中，一般注有各部位的标高、高度方向和墙身细部的大小尺寸。图中标高注写有两个数字时，有括号的数字表示

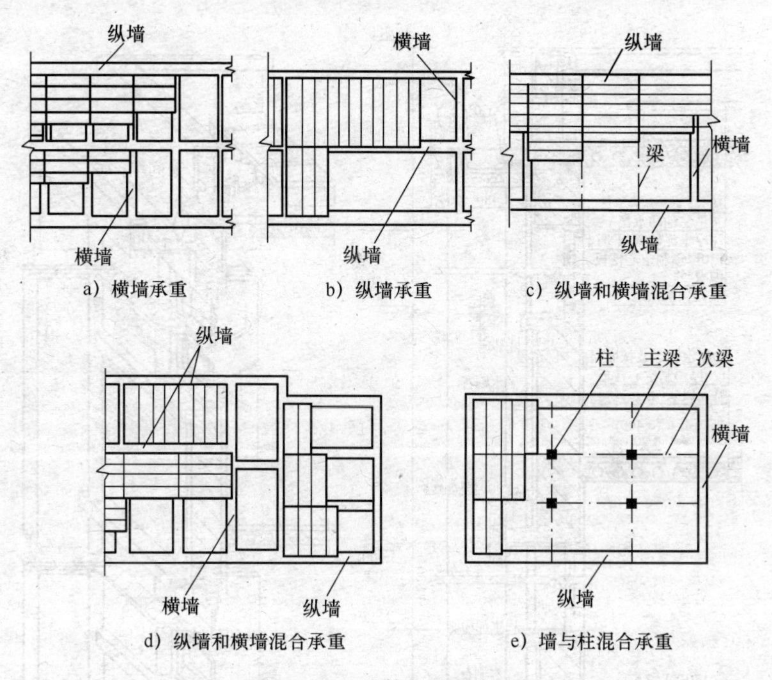

图 2—36　墙体的承重方案

再高一层的标高。从图中有关图例或文字说明可知墙身内、外表面装修的截面形式、厚度及所用的材料等。

2. 墙体细部构造

墙体的细部构造一般是指墙体上的细部做法，其中包括勒脚、散水或明沟、变形缝等内容。

（1）勒脚。外墙靠近室外地坪处的表面处理叫做勒脚，其做法如图 2—38 所示。墙脚不仅经常受地下水、地面水、屋檐滴下的雨水的侵蚀，而且容易受到踢、碰、虫蛀、冰冻、风化等危害。因此，勒脚能保护墙面，保证室内干燥，提高建筑物的耐久性，同时还有美化建筑外观的作用。

勒脚的做法有多种，可采用的是水泥砂浆勒脚、水刷石勒脚、特制面砖勒脚、砖石墙加厚勒脚。

（2）散水与明沟。为了防止雨水及室外地面水侵入基础，沿

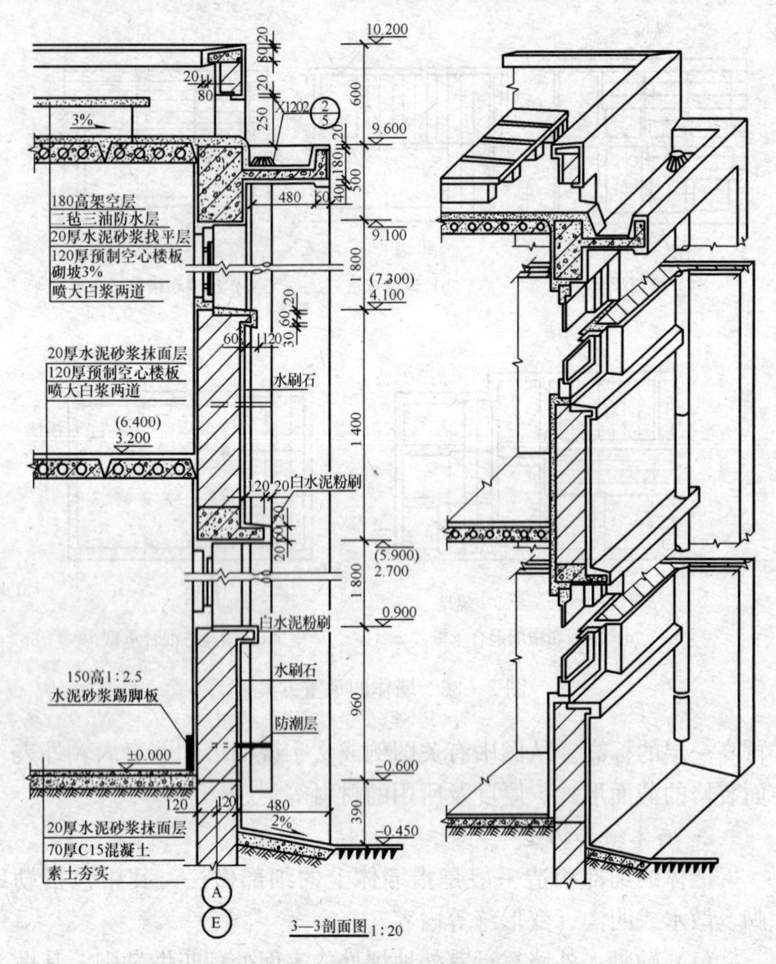

图 2—37　外墙剖面详图

房屋外墙四周勒脚与室外地坪相接处需设散水（排水坡）（见图2—39）或明沟（排水沟）（见图 2—40），从而使勒脚附近地面积水能够迅速排走；同时，也能防止檐口滴水冲刷房屋四周的土壤，能有效地保护房屋基础。

散水的坡度一般为 3％～5％，宽度一般不小于 600 mm。当屋顶采用自由落水时，散水宽度应比出檐长度宽 150～200 mm。

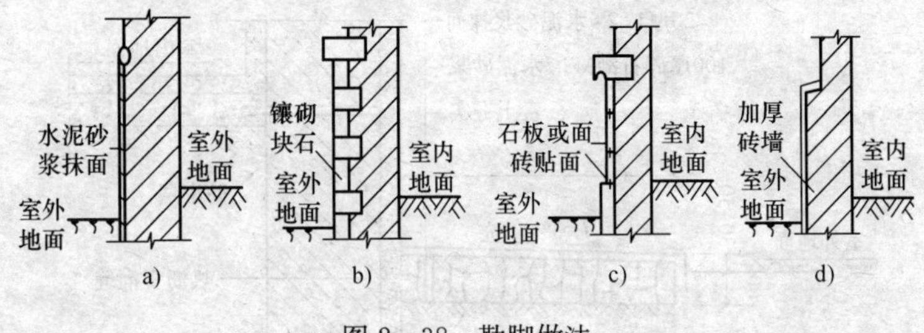

图 2—38　勒脚做法

散水外缘应高出周围地坪 20～50 mm。

散水有砖散水、水泥砂浆散水、混凝土散水等。如图 2—39 所示为混凝土散水和碎石灌浆散水的做法。

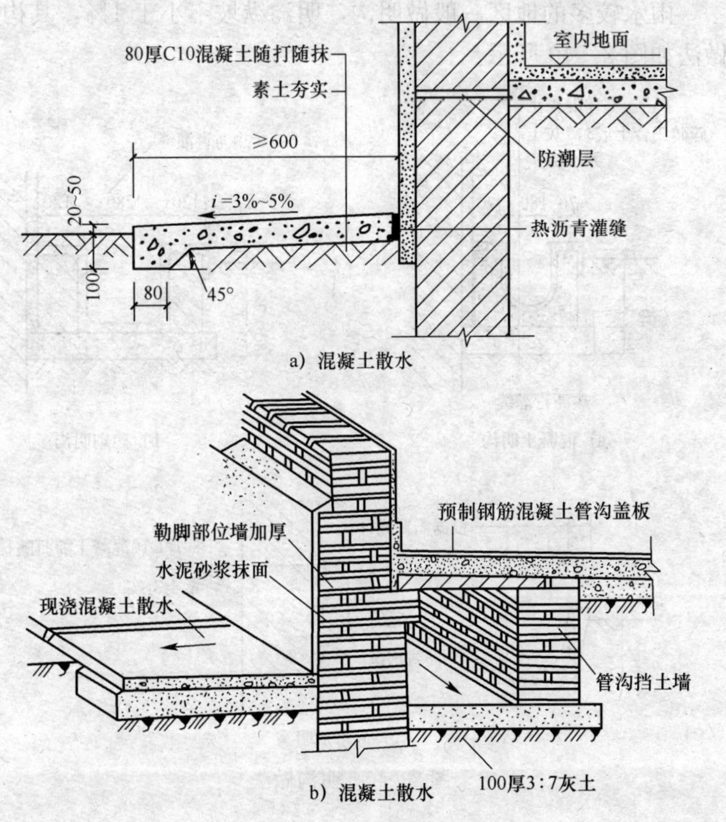

20厚1∶2.5水泥砂浆抹面
100厚碎石灌M2.5水泥砂浆
素土夯实
室内地面
≥600
防潮层
30~50
室外地面
i =3%~5%
100
热沥青灌缝

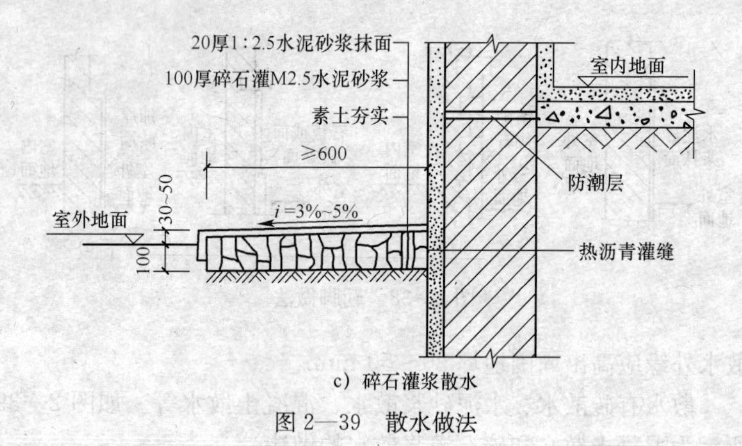

c）碎石灌浆散水

图 2—39　散水做法

雨水较多的地区一般做明沟，明沟纵坡不小于 1%，其构造做法如图 2—40 所示。

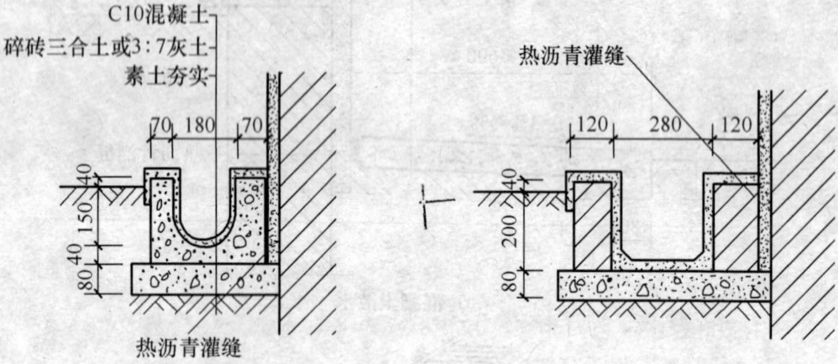

C10混凝土
碎砖三合土或3∶7灰土
素土夯实
70
180
70
40
150
40
80
热沥青灌缝
热沥青灌缝
120
280
120
40
200
80

a）混凝土明沟　　b）砖砌明沟

80
200
25
150
25
根据需要设计
80厚C10混凝土随打随抹
素土夯实
40
150
80
热沥青灌缝

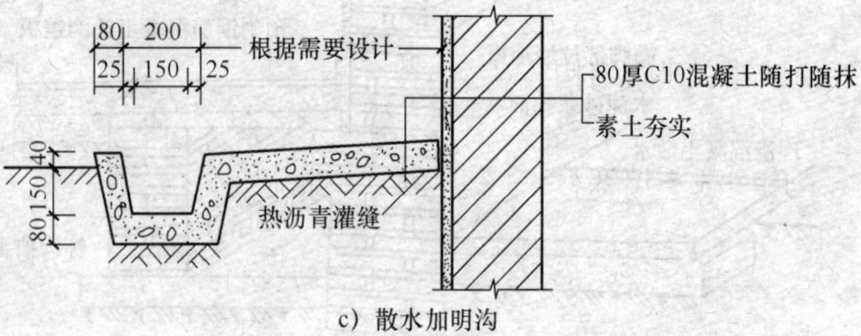

c）散水加明沟

图 2—40　明沟做法

(3) 变形缝。墙体变形缝包括伸缩缝、沉降缝和抗震缝。

1) 伸缩缝。伸缩缝又称温度缝，为了防止房屋在正常使用条件下，由于温差和砌体干缩引起墙体竖向裂缝，应在墙体中设置伸缩缝。

伸缩缝的宽度为 20～30 mm，伸缩缝从基础顶面开始，将墙体、楼盖、屋盖等全部断开，基础因埋于地下，受温度影响小，可不断开。

伸缩缝内填塞经防腐处理的可塑材料，如浸沥青的麻丝和木丝板、泡沫塑料以及油膏等，其构造做法如图 2—41 所示。

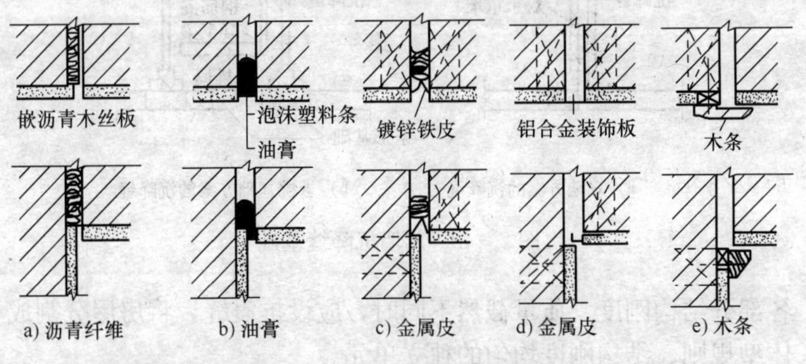

图 2—41　砖墙伸缩缝构造做法

2) 沉降缝。为了减少由于地基不均匀沉降对建筑物造成的危害，应设置沉降缝把建筑物划分成若干个整体刚度较高、自成沉降体系的结构单元，以适应不均匀沉降。沉降缝的位置一般设在建筑平面转折部位、高度（或载荷）差异处、地基土压缩性有显著差异处、建筑结构（或基础）类型不同处、分期建造的砌体建筑的交界处。

缝内一般不填塞材料，当必须填塞材料时，应防止缝两侧的房屋内倾而相互挤压。沉降缝必须从基础底面到屋顶，沿房屋全高设置，如图 2—42 所示。

3) 抗震缝。在设计烈度为 8 度或 8 度以上的地震区，当房屋立面高差大于 6 m，房屋有错层，且楼板错层高差较大，房屋

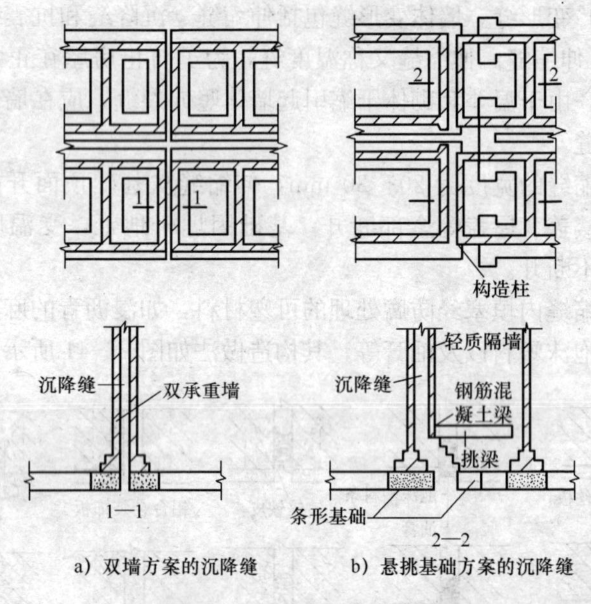

图 2—42　砖墙沉降缝基础

各部分结构刚度、质量截然不同时，应设抗震缝，将房屋分割成体型规则、结构刚度均匀的独立单元。

在多层砖房中按设计烈度的不同，抗震缝宽度取 50～70 mm，缝的两侧应设墙，从基础顶面开始，贯通建筑物全高。墙体抗震缝构造如图 2—43 所示。

八、楼梯识读及类型

1. 楼梯识读

楼梯由楼梯段（简称梯段，包括踏步或斜梁）、平台（包括平台板和梁）和栏板（或栏杆）等组成，如图 2—44、图 2—45 所示。楼梯详图主要表示楼梯的类型、结构形式、各部位的尺寸及装修做法，是施工放样的主要依据。

（1）楼梯平面图。楼梯平面图的剖切位置在该层往上走的第一梯段中间，如图 2—44 所示。在楼梯平面图中，每一梯段处画有一长箭头，并注写“上”或“下”字和踏步数，表明从该层楼

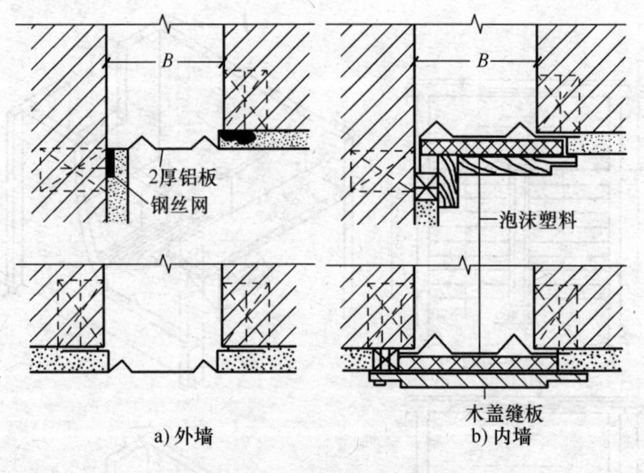

图 2—43　墙体抗震缝构造

地面往上或往下走多少步级即可到达上（或下）一层的楼地面。例如，在二层楼梯平面图中，被剖切的梯段的箭头注有“上 20”，表示从该梯段往上走 20 步级即可到达第三层楼面；另一梯段注有“下 20”字样，表示往下走 20 步级即可到达底层地面。各层平面图中还注出该楼梯间的轴线名称。在底层平面图中还注明楼梯剖面图的剖切位置（见图 2—44 中的 4—4 剖面）。

在楼梯平面图中，除注出楼梯间的开间尺寸和进深尺寸、楼地面和平台面的标高尺寸外，还注出了各细部的详细尺寸以及各层楼地面、平台的相对标高。在楼梯平面图中，梯段长度尺寸与踏面数、踏面宽度尺寸合并写在一起。如底层平面图中的 11×260 mm＝2 860 mm，表示该梯段有 11 个踏面，每一踏面宽为 260 mm，梯段长为 2 860 mm。

读图时，要掌握各层平面图的特点。底层平面图只有一个被剖切的梯段及栏板，并注有“上”字的长箭头。顶层平面图由于剖切平面在安全栏板之上，在图中画有两段完整的梯段和楼梯平台，在梯口处只有一个注有“下”字的长箭头。中间层平面图既画出被剖切的往上走的梯段（注有“上”字的长箭头），还画出

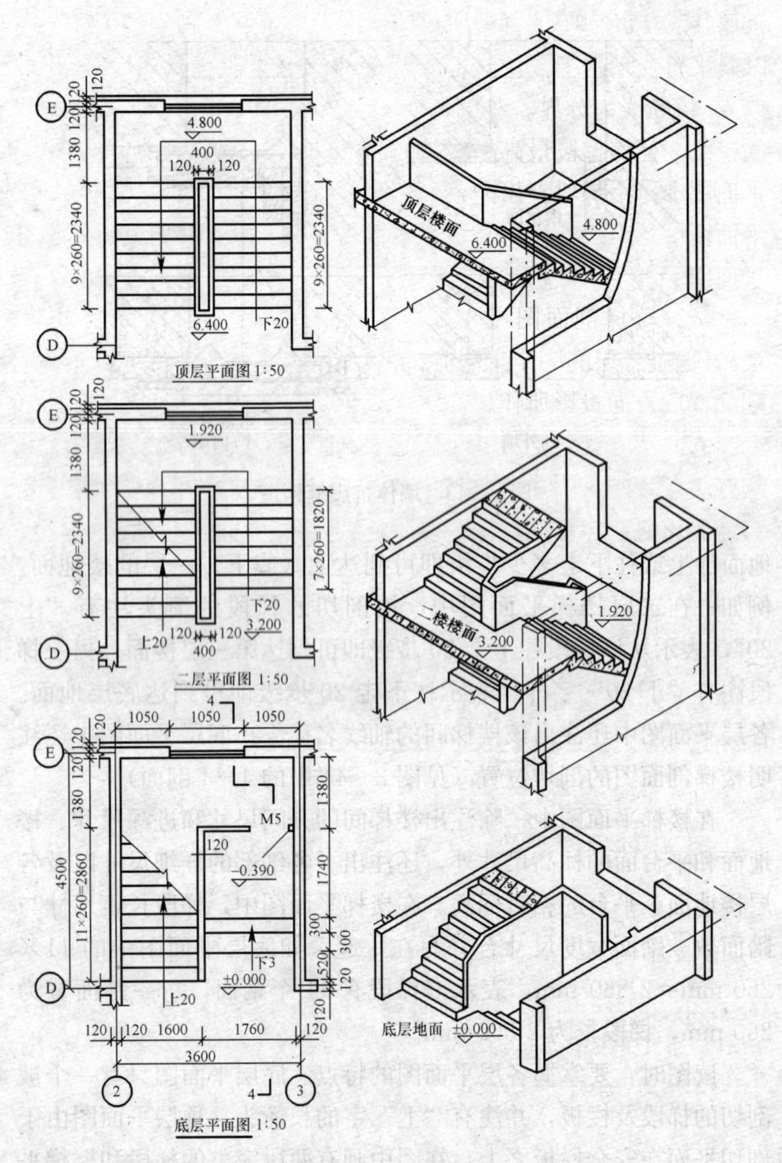

图 2—44　楼梯平面图

该层往下走的完整的梯段（注有“下”字的长箭头）、楼梯平台以及平台往下的梯段。这部分梯段与被剖切的梯段的投影重合，以 45°折断线为分界。各层平面图上所画出的每一分格表示梯段的一级。但因梯段最高一级的踏面与平台面或楼面重合，所以，平面图中每一梯段画出的踏面数总比步级数少一个。例如，顶层平面图中往下走的第一梯段共有 10 级，如图 2—44 所示，但在平面图中只画有 9 格，梯段长度为 9×260 mm=2 340 mm。

（2）楼梯剖面图。用一铅垂面（如图 2—44 中的 4—4 剖面），通过各层的一个梯段和门窗洞，将楼梯剖开，向另一未剖到的梯段方向投影所作的剖面图称为楼梯剖面图，如图 2—45 所示。它完整、清晰地表示了各梯段、平台、栏板等的构造情况及相互关系。在多层房屋中，若中间各层的楼梯构造相同，剖面图只需画出底层、中间层和顶层剖面，中间用折断线分开即可。

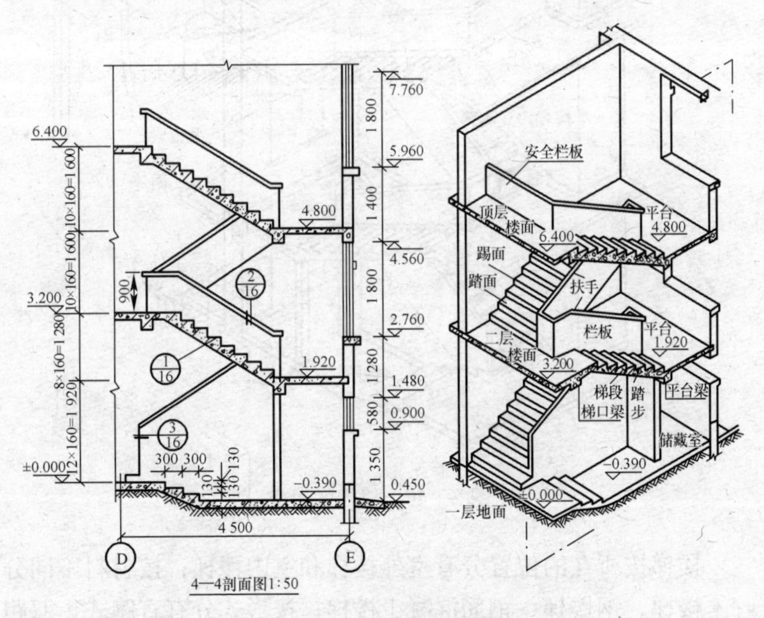

图 2—45　楼梯剖面图

楼梯剖面图能表示出房屋的层数、楼梯梯段数、步级数以及楼梯的类型及其结构形式。如第一梯段的尺寸为12×160 mm=1 920 mm，表示该梯段为12级，每级高度为160 mm。

从图中的详图索引可知，踏步、栏板和扶手都另有详图画在第16张图样上。

2. 楼梯类型

楼梯是建筑物内垂直交通设施的主要工具之一。楼梯一般由楼梯段、平台、栏板或栏杆三部分组成，如图2—46所示。

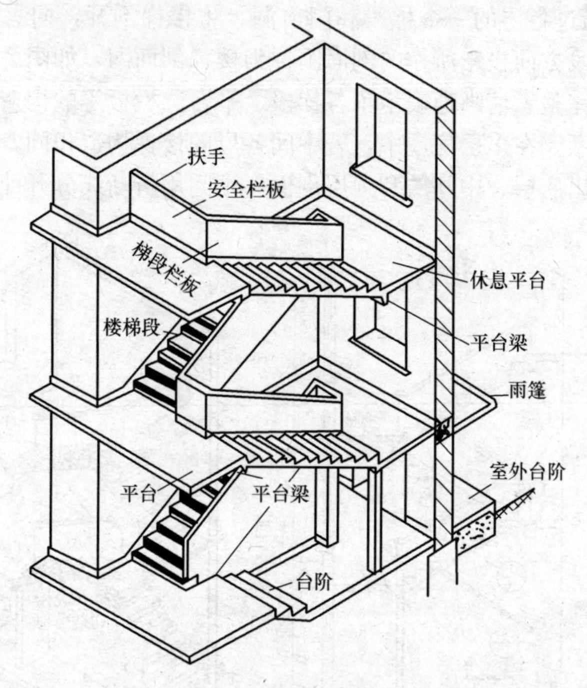

图2—46　楼梯的组成

楼梯按所在的位置分有室外楼梯和室内楼梯；按材料不同分有木楼梯、钢楼梯、钢筋混凝土楼梯；按形式分有直跑式、双跑式、双分式、双合式、三跑式、四跑式、螺旋式、转角式、圆形、弧线形、剪刀式、交叉式等，如图2—47所示。

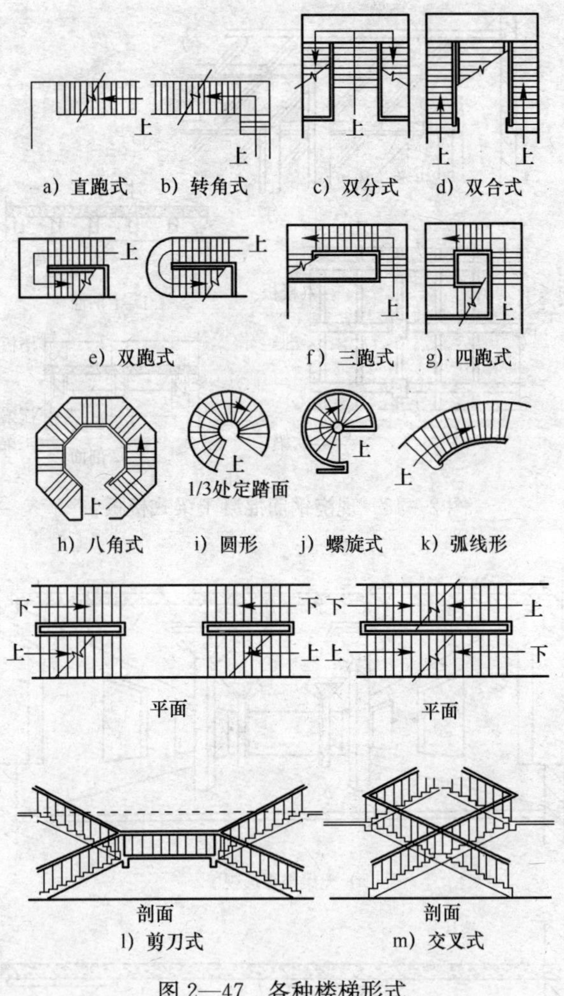

a）直跑式 b）转角式 c）双分式 d）双合式

e）双跑式 f）三跑式 g）四跑式

h）八角式 i）圆形 j）螺旋式 k）弧线形

l）剪刀式 m）交叉式

图 2—47 各种楼梯形式

九、楼板类型

楼板是房屋中的水平承重构件，它将房屋分隔成若干层。楼板应有足够的强度和刚度，并满足防火、隔声、隔热、防水等要求。楼板的类型主要有现浇钢筋混凝土梁式楼板（见图 2—48）和现浇钢筋混凝土无梁楼板（见图 2—49）。

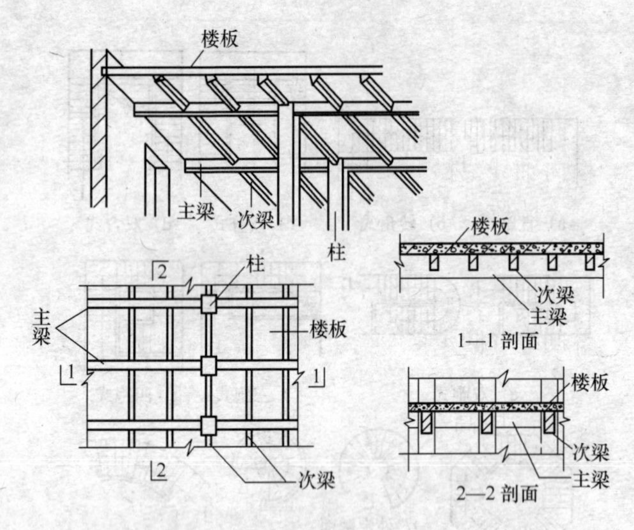

图 2—48　现浇钢筋混凝土梁式楼板

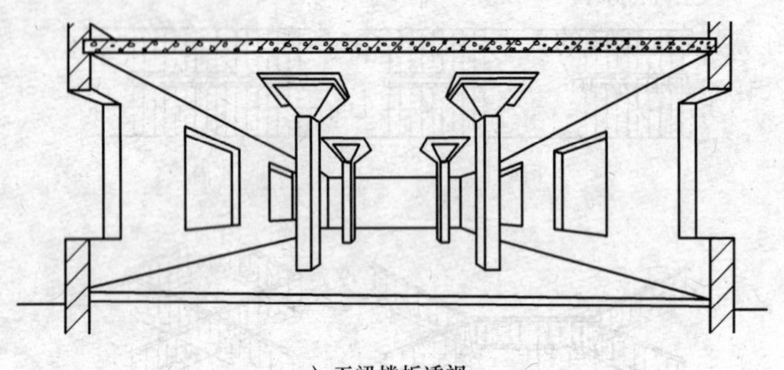

a）无梁楼板透视

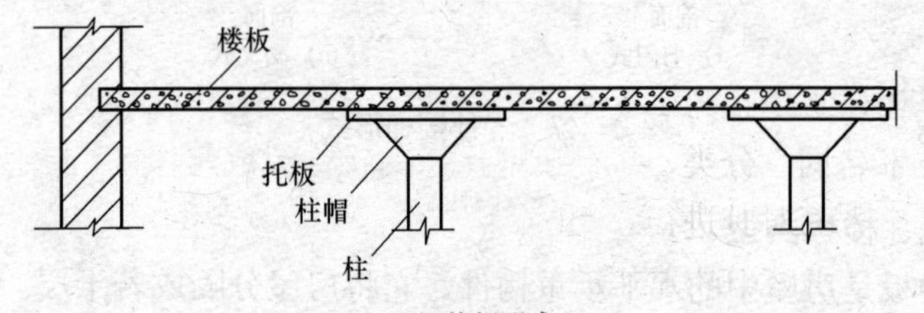

b）柱帽形式

图 2—49　现浇钢筋混凝土无梁楼板

十、民用建筑中常用的技术名词

（1）横向。横向是指建筑物的宽度方向。

（2）纵向。纵向是指建筑物的长度方向。

（3）横向轴线。横向轴线是指沿建筑物宽度方向设置的轴线，用以确定墙体、柱、梁、基础的位置。

（4）纵向轴线。纵向轴线是指沿建筑物长度方向设置的轴线，用以确定墙体、柱、梁、基础的位置。

（5）开间。开间是指两条横向定位轴线之间的距离。

（6）进深。进深是指两条纵向定位轴线之间的距离。

（7）层高。层高是指包括结构层、抹面层在内的层间高度值。

（8）净高。净高是指不包括结构层、抹面层在内的净空高度值。

（9）建筑面积。一般是由建筑物的长度、宽度总尺寸的乘积再乘以层数而得来的。单位为平方米（m^2）。

（10）使用面积。一般包括房间的净面积、走道净面积、楼梯间净面积等。

（11）居住面积。居住面积是指住宅建筑中居住房间的净面积。

模块三　工业建筑简介

工业建筑是指为工业生产需要而建造的建筑物和构筑物。下面从技术名词、分类、单层工业厂房的构件组成与作用、定位轴线等几个方面对其进行介绍。

一、工业建筑中常用的技术名词

（1）跨度。跨度是指单层工业厂房中两条纵向轴线间的距离。一般取 3 m 和 6 m 的倍数。

（2）柱距。柱距是指单层工业厂房中两条横向轴线间的距离。一般取 6 m 和 6 m 的倍数。

（3）厂房高度。厂房高度是指单层工业厂房的柱顶高度（一般取 300 mm 的倍数）和轨顶高度（一般取 600 mm 的倍数）。

（4）柱网。柱网是指单层工业厂房中纵向轴线与横向轴线共同决定的轴线网，在交点处设承重柱，其平面称为柱网平面。

二、工业建筑的分类

（1）从层数来区分有单层工业厂房（主要为重工业类的生产车间，车间内以水平运输为主）、多层工业厂房（主要为轻工业类的生产车间，车间运输有水平和垂直两部分）、混合厂房（一幢建筑中混有单层与多层厂房，多用于化工类工厂）。

（2）从跨度的数量和方向来区分有单跨厂房、多跨厂房（由几个跨度组合而成，内部相通）、纵横相交的厂房（由两个方向的跨度组合而成，内部相通）。

（3）从跨度的尺寸大小来区分有小跨度厂房（跨度小于或等于 12 m 的单层工业厂房）、大跨度厂房（跨度为 15～36 m 的单层工业厂房）。

三、单层工业厂房的构件组成与作用

单层工业厂房主要由以下几部分的构件所组成，如图 2—50 所示，其作用分述如下：

（1）屋盖结构。包括屋架（或屋面梁）、屋面板、天窗架和托架等。

（2）吊车梁。吊车梁安放在柱子伸出的牛腿上，承受吊车自重、起重量及刹车所产生的冲切力并传给柱子。

（3）柱子。作为主要的承重构件，承受屋盖、吊车梁、墙体上的载荷以及山墙传来的风载荷，并将载荷一并传给基础。

（4）基础。采用独立基础，它承担柱子上面的全部载荷以及基础梁的部分墙体载荷，并将载荷一并由基础传给地基。

（5）支撑系统。包括柱间和屋盖两大支撑部分，其作用是加强厂房空间结构的整体刚度和稳定性。

（6）外墙围护系统。包括四周的外墙、基础梁、抗风柱和墙梁等。

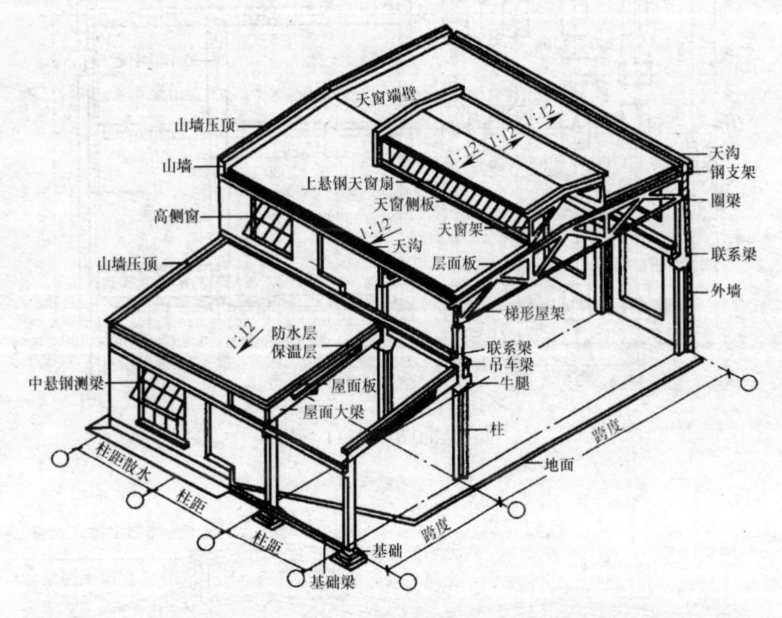

图 2—50　单层工业厂房组成

四、厂房定位轴线

厂房定位轴线用来确定厂房主要承重构件的相互关系与标志尺寸。正确划分定位轴线是施工放线、安装设备、控制各种构件的位置的可靠依据，如图 2—51 所示为某厂房平面图（右）与基础平面图（左），如图 2—52 所示为某厂房剖面图。

单层工业厂房的定位轴线分为横向和纵向两种。

1. 横向定位轴线

横向定位轴线与厂房的宽度方向平行，除伸缩缝处的柱子以及端柱之外，都通过柱截面的几何中心，如图 2—51 所示，每根柱子的轴线均通过柱基、屋架中心线及其上部两块屋面板的搭接缝隙的中心。如图 2—52 所示，它的标志尺寸表示纵向承重构件（如屋面板、吊车梁等）的标志尺寸。

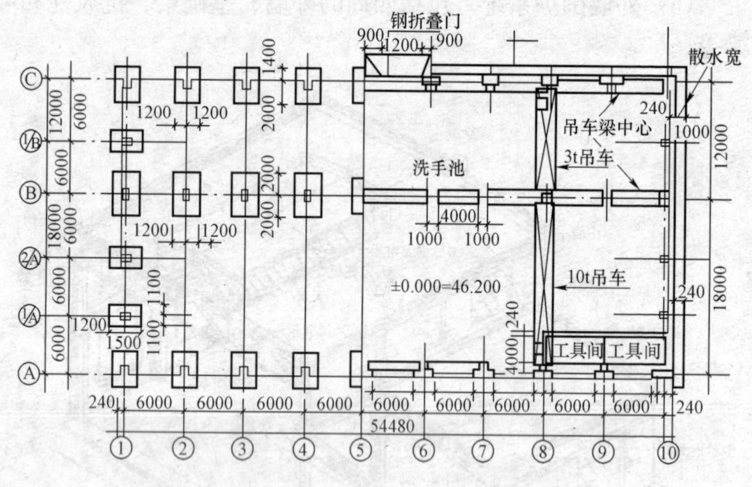

图 2—51 某厂房平面图（右）与基础平面图（左）

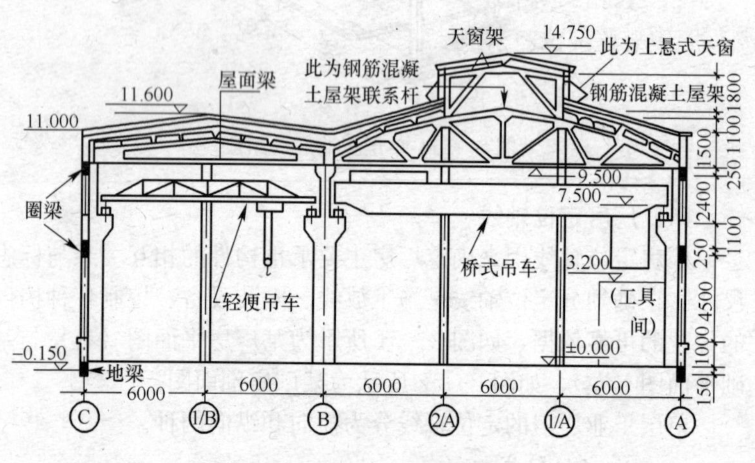

图 2—52 某厂房剖面图

2. 纵向定位轴线

纵向定位轴线与厂房的长度方向平行，有封闭结合与非封闭结合两种做法。若外纵墙处的纵向定位轴线通过边柱外缘、屋架外缘、屋面板的外缘和外墙的内缘，此时屋架用屋面板封顶，使得墙、柱、屋架等紧密相结合的构造做法称为封闭结合，如图2—51所示。若构造上由于边柱和外墙外移，屋面板、屋架端头和女儿墙之间出现空隙，此时需用非标准构件来填充，而不能封闭上部屋面节点的这种做法称为非封闭结合。

思考题

1. 什么是绝对标高和相对标高？在建筑工程中如何应用？
2. 什么是测量坐标网和建筑坐标网？
3. 定位轴线在施工放线中有哪些作用？
4. 立面图有哪些不同的命名方式？
5. 房屋建筑由哪几部分组成？各自在房屋建筑中起什么作用？
6. 什么是房屋的开间和进深？
7. 建筑施工图中通常采用哪两种长度单位？分别用在建筑施工图中哪些部位？

第三单元　测量基础知识

培训目标

1. 了解水平距离和垂直距离、水平角和竖直角的概念。
2. 了解确定点的平面位置的方法。
3. 掌握确定直线的平面位置的方法。
4. 掌握平面直角坐标系和建筑坐标系。
5. 掌握地面点的高程。
6. 掌握应用总平面图比例关系的计算方法。
7. 掌握坐标的解析计算方法。

模块一　地面点位的测定

一、点位

点位是指地面点的空间位置。地面点位的确定是测量工作的根本任务。

如图 3—1 所示为一个空间直角坐标系。把空间点 M 分别垂直投影到三个坐标平面上，就得到了 m_x、m_y、m_z 三个量。由这三个量就可以正确地表示 M（m_x、m_y、m_z）点在这个坐标系中的空间位置。

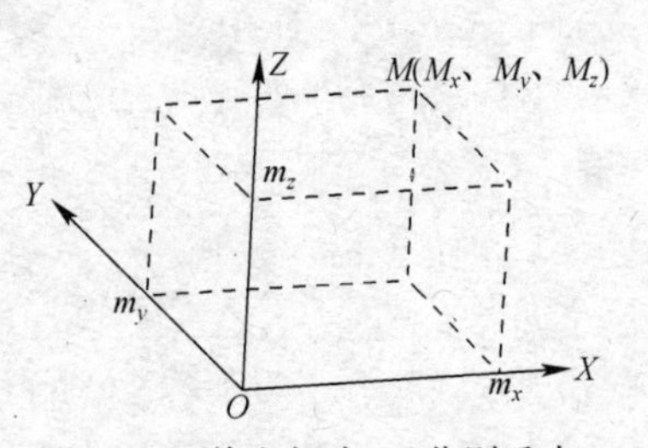

图 3—1　将空间点 M 分别垂直投影到三个坐标平面上

在测量学中，采用水平面和铅垂线等一些基本概念，结合空间直角坐标系来确定空间点的位置。假定 XOY 为水平面，OZ 为铅垂线，那么，任何复杂的形体，只要能够掌握它们的特征点，并且知道这些特征点与水平面和铅垂线有关的量，就可以如实地在空间直角坐标系内确定其位置。

前面所说的点指的是特征点，也就是指能表示物体特征的点。虽然构成物体形状最基本的元素是点，但并不是所有的点都能表示物体的特征。例如，能代表三角形的特征点只有三角形的三个顶点。显而易见，正方形、长方形、平行四边形、梯形等的四个顶点也就是它们的特征点。

二、水平距离和垂直距离

如图 3—2 所示，在空间直角坐标系 $O—XYZ$ 中，地面两点 A、B 构成一条空间直线，它在水平面 P 上的投影是直线 ab，AB' 是平行于 ab 的水平线。则有：

1. 一空间直线 AB 在水平面上投影的长度 ab 叫做 A、B 两点间的水平距离（S）。

2. 一空间点 A 到水平面上的投影 a 点的铅垂长度叫做该点到这个水平面上的垂直距离（h_A）。同样，B 点到水平面的垂直距离为 h_B。

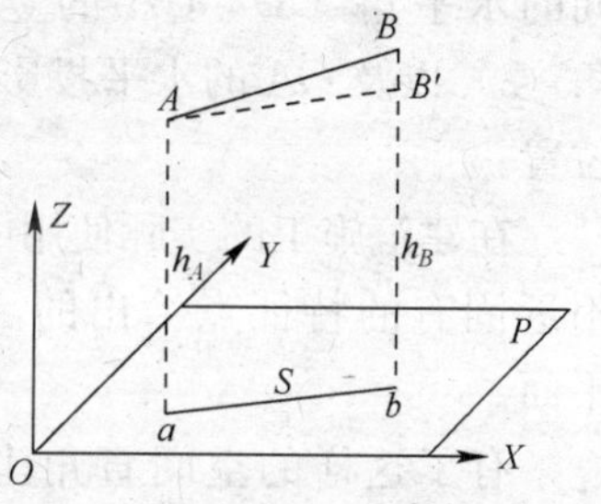

图 3—2　空间直线 AB 在水平面上的投影

如果已经知道 A 点在空间直角坐标系中的位置，要确定 B 点的空间位置，则只要知道空间直线 AB 所在的竖直面，空间 A、B 两点的水平距离（S）和垂直距离（h_A、h_B），就可以确定出空间直线 AB 的位置。

三、水平角和竖直角

如图 3—3 所示，在空间直角坐标系 $O—XYZ$ 中，三个空间点 O、A、B 构成两条相交的直线 OA 和 OB，Q_2 和 Q_1 分别是过 OA 和 OB 的竖直面，P 为水平面，a、o、b 是三个点 A、O、B 在水平面上的投影。则有：

1. 空间两条相交的直线 OA、OB 在水平面上投影的夹角 β 叫做这两条直线的水平角。

2. 在竖直面 Q_2 上，空间直线 OA 与水平线所夹的锐角 α 叫做该直线的竖直角。

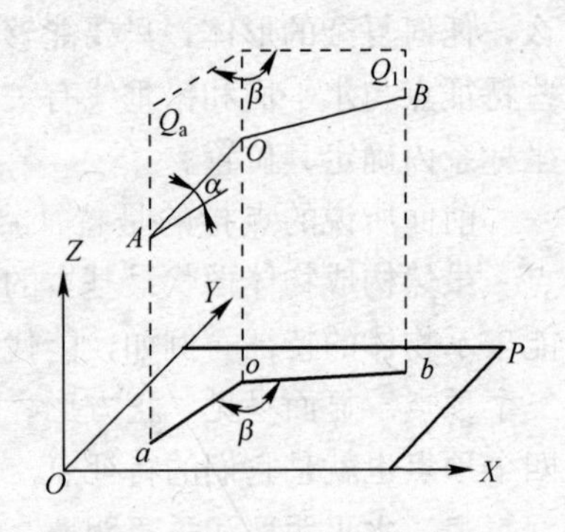

图 3—3　空间两条相交直线 OA 和 OB 在水平面 P 上的投影

如果已经知道了直线 OB 在空间直角坐标系中的位置，要确定出直线 OA 的空间位置，则只要知道 OA、OB 两直线之间的水平角（β），OA 的竖直角（α）以及 OA 的水平投影距离 oa，就可以确定出 OA 的空间位置。

在建筑施工的实际使用中，空间直角坐标系是根据拟建建筑附近固有的特征点给出的，而空间直角坐标系的 P 面常为水平面。

有了这样的空间直角坐标系，并且给出了坐标系中的几个已知点后，要确定拟建建筑中其他点的空间位置，则只要知道欲定点与已知点的水平距离、垂直距离以及它们构成的几何图形的有关角度（水平角、垂直角），就能根据已知点一一定出。

四、确定点的平面位置

如图 3—4 所示，地面上有三座山，每座山的最高点为其特征点 A、B、C。各点沿各自的铅垂方向投影到水平面 P 上为 a、b、c 点。如果用仪器和工具在地面上测出三角形 ABC 的各水平角 β_a、β_b、β_c和水平距离 d_a、d_b、d_c，则 A、B、C 各点在水平面 P 上的相关位置就确定了。但仅仅确定各点的相关位置还不够，还必须确定它们在地面上的相对位置，这就必须确定出它们与基准方向的关系。图 3—4 中 aN 就表示指北方向。现在选定 A 作为原点，并测出 ab 边与方向线 aN 之间的水平夹角 α，那么

A、B、C各点在水平面上的位置就完全确定了。

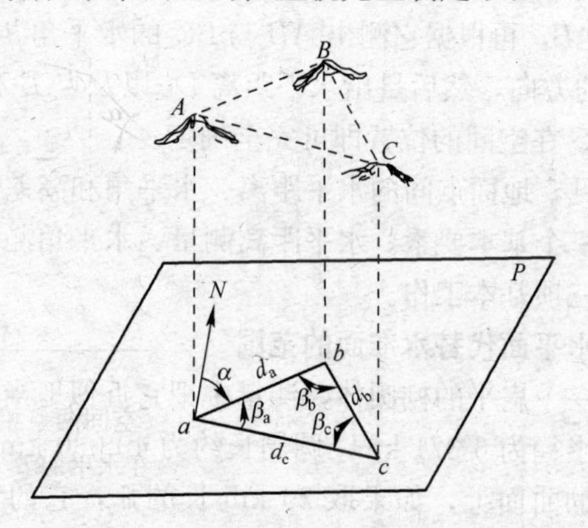

图 3—4 地面上三点在水平面上的投影

五、确定直线的平面位置

如图 3—5a 所示为平面直角坐标系 OXY，已知 $a(x_a, y_a)$、$b(x_b, y_b)$ 两点的坐标以及 ab 与 bc 两条直线的水平夹角 β，确定另一点 c。若能量出 b 点到 c 点的水平距离 D_{bc}，就可用作图的方法（或者用数学的方法推算出 c 点的坐标）定出 c 点在平面直角坐标系上的位置。

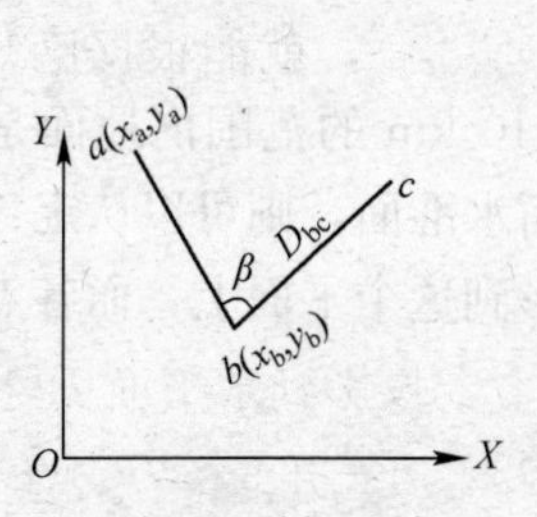

a） 已知a、b两点，ab与bc的夹角β以及D_{bc}，确定c点

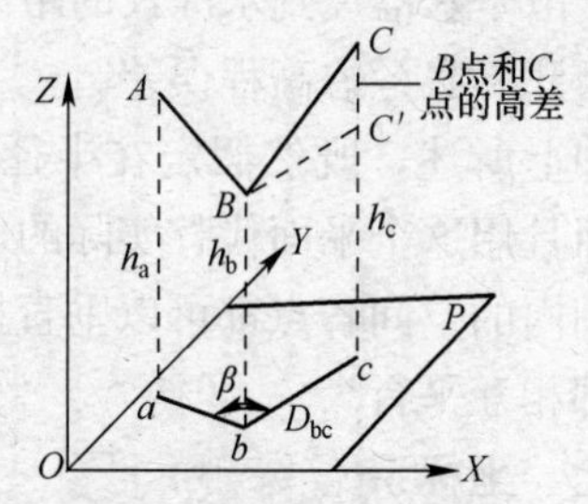

b） 已知空间A、B两点，AB与BC的水平角β及D_{bc}，确定空间点C位置

图 3—5 地面点位的确定

水平角是一点到两目标的方向线垂直投影在水平面上的夹角。

测量学就是根据这一原理来测定地面上的点位的。在图 3—5b 中，先确定 AB，再根据它测出 AB 与 BC 的水平角 β，从而确定出直线 BC 的方向，然后量出水平距离 D_{bc} 以及点 B 和点 C 的高差，这样点 C 在空间的位置即可完全确定。

由此可见，地面点间的水平距离、水平角和高差是确定地面点位关系的三个基本要素。水平距离测量、水平角测量和高程测量是测量的三项基本工作。

六、用水平面代替水准面的范围

地球是一个扁平的椭圆体，测量中把它近似地当做一个圆球体。地球的半径为 6 371 km，圆周长约为 40 030 km，在这样一个半径很大的曲面上，如果取 20 km 长的弧，它的弯曲是很小的。实际上，在小面积范围内考虑曲面的影响也是不必要的。经计算证明，曲面上 10 km 长的弧，对应于水平面上直线的长，其误差为 81.97 mm。这个误差远远小于精密测量的误差允许值，所以，在水平丈量距离时，在半径为 10 km 的范围内可以用平面代替曲面。

通过计算证明，水平距离为 100 m 时，按平面测算的高程与按曲面测算的高程的误差为 0.78 mm。在建筑施工的水准测量中，由于水准尺到水准仪的距离不超过 100 m，故高程误差极小，因此不必考虑高程误差。

如上所述，既然假定在半径为 10 km 的范围内地面是个平面，而且用这个平面代替实际的球面水准面，则可以认定：在这个范围内的空间各点都可以垂直投影到这个平面上，而各点的铅垂线都相互平行。

七、坐标系

1. 平面直角坐标系

当测量区域较小时，球面近似于平面，可以直接用与测量区域中心点相切的平面来代替曲面，在此平面上建立一个平面直角坐标系，有时也叫假定平面直角坐标系。

如图 3—6 所示，平面直角坐标系规定南北方向为纵轴 X，

东西方向为横轴 Y。X 轴向北为正，向南为负；Y 轴向东为正，向西为负。地面上某点 A 的位置可用 x_A 和 y_A 来表示。平面直角坐标系的原点 O 一般选在测量区域的西南角以外，使得测量区域内所有点的坐标均为正值。

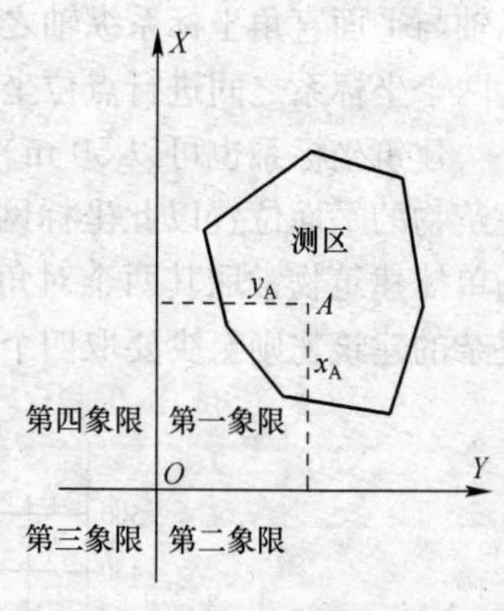

图 3—6　独立平面直角坐标系

值得注意的是，为了定向方便，测量上的平面直角坐标系与数学上的平面直角坐标系的规定不同，X 轴与 Y 轴互换，象限的顺序也相反。不过，由于轴向与象限顺序同时改变，测量坐标系的实质与数学上的坐标系是一致的。因此，数学中的公式可以直接应用到测量计算中，不需做任何变更。

2. 建筑坐标系

在建筑工程中，有时为了便于对建（构）筑物平面位置的施工放样，而将原点设在建（构）筑物两条主轴线（或其平行线）的交点上。以其中一条主轴线（或其平行线）作为纵轴，一般用 A 表示，顺时针旋转 90°方向作为横轴，一般用 B 表示，建立一个平面直角坐标系，称为建筑坐标系，如图 3—7 所示。

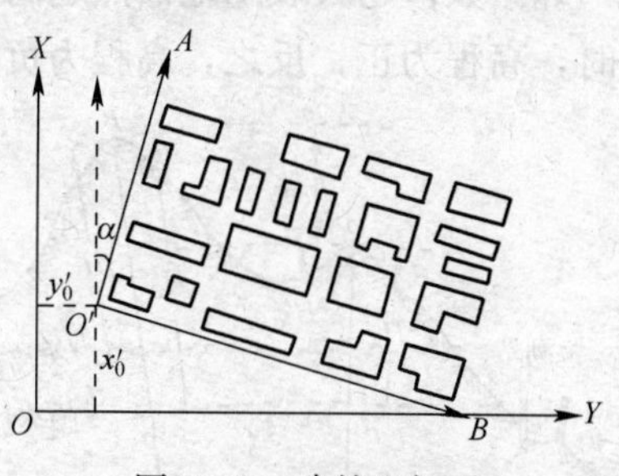

图 3—7　建筑坐标系

将建筑坐标系与平面直角坐标系联测后，可以计算出建筑坐标系的原点相对于平面直角坐标系的坐标值，以及建筑坐标系的纵轴与平面直角坐标系纵轴之间的角度。根据这些参数，可以在这两个坐标系之间进行点位坐标换算。

建筑坐标系也可以 50 m×50 m 或 100 m×100 m 进行分格，建筑物的平面位置以此坐标网来确定，如图 3—8 所示。对一般的单体建筑物常取其两个对角点作为定位点，而对于体形庞大、复杂的建筑物则至少要取四个定位点。

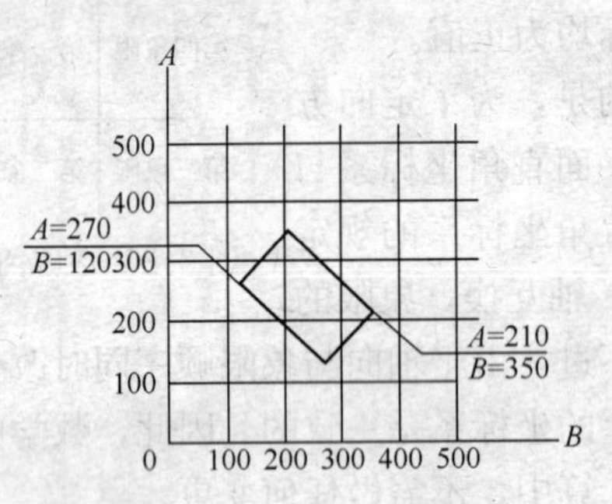

图 3—8　建筑坐标网示例

八、地面点的高程

1. 绝对高程

地面点到大地水准面的铅垂距离称为该点的绝对高程，简称高程或海拔，习惯用 H 表示。如图 3—9 所示，地面点 A、B 的高程分别为 H_A、H_B。数值越大表示地面点越高，当地面点在大地水准面的上方时，高程为正；反之，高程为负。

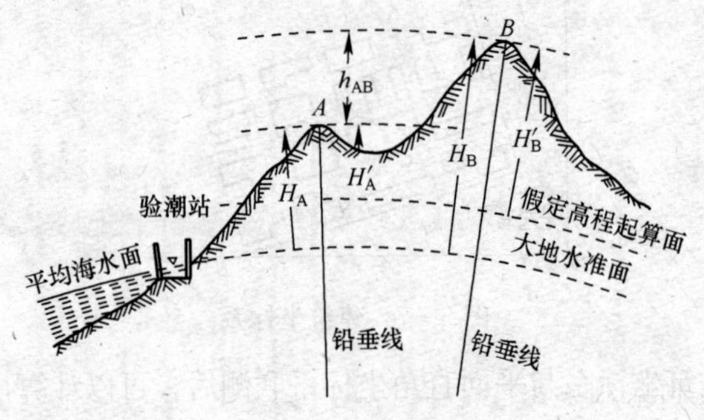

图 3—9　高程和高差

2. 相对高程

当有些地区引用绝对高程有困难时，或者为了计算和使用上的方便，可以采用相对高程系统。相对高程是采用假定的水准面作为起算高程的基准面。地面点到假定水准面的垂直距离叫做该点的相对高程。由于高程基准面是根据实际情况假定的，故相对高程有时也称为假定高程。如图 3—9 所示，地面点 A、B 的相对高程分别为 H'_A 和 H'_B。

相对高程系统与黄海高程系统联测后，可以推算出相对高程系统所对应的假定水准面的绝对高程，进而可以把地面点的相对高程换算成绝对高程，也可以把地面点的绝对高程换算成相对高程。如图 3—9 所示，若假定水准面的绝对高程为 H_0，则地面点 A 的换算关系为：

$$H'_A = H_A - H_0$$
$$H_A = H'_A + H_0$$

3. 高差

两个地面点之间的高程差称为高差，习惯用 h 表示。高差有方向性和正负，但与高程基准无关。如图 3—9 所示，A 点至 B 点的高差为：

$$h_{AB} = H_B - H_A = H'_B - H'_A$$

当 h_{AB} 为正时，B 点高于 A 点；当 h_{AB} 为负时，B 点低于 A 点。同时不难证明，高差的方向相反时，其绝对值相等而符号相反，即：

$$h_{AB} = -h_{BA}$$

模块二　基本计算

一、常用的数学基础知识

1. 几何基础知识

（1）角度制和弧度制。角度的表示通常有角度制和弧度制两种。

1 圆周＝360°

$1^\circ=60'$

$1'=60''$

$360^\circ=2\pi$ 弧度　$180^\circ=\pi$ 弧度

$1^\circ=\frac{\pi}{180}$弧度

1 弧度＝$\left(\frac{180}{\pi}\right)^\circ\approx 206\ 265''$

（2）三角形（见图 3—10）

1）三角形内角和＝180°。

2）三角形面积＝$\frac{1}{2}$×底×高。

3）在直角三角形中，斜边的平方等于两条直角边的平方和。

（3）圆弧。圆心角的度数等于它所对弧的度数，如图 3—11 所示。

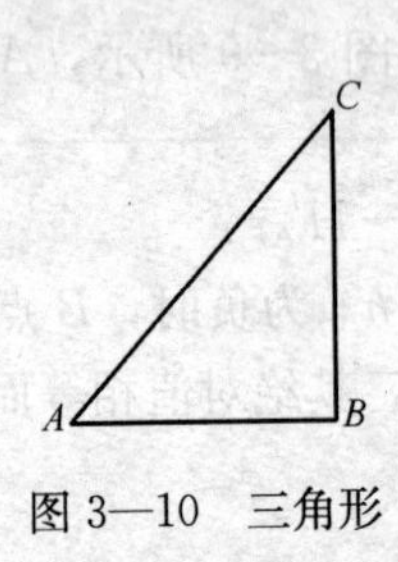

图 3—10　三角形

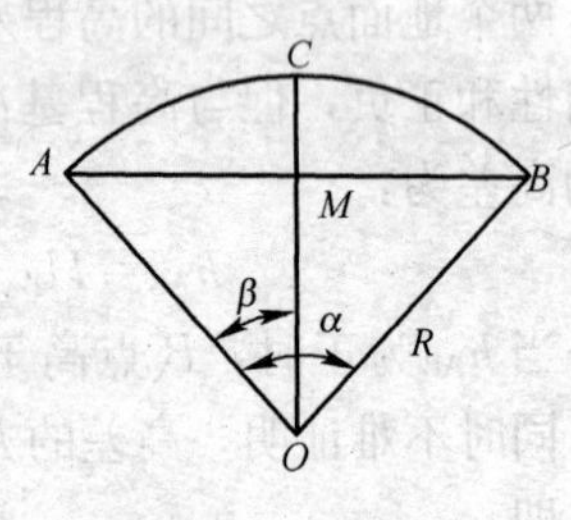

图 3—11　圆弧

$$弧长\overset{\frown}{ACB}=R\alpha$$

式中　R——半径；

α——弧度。

$$AM=R\sin\frac{\alpha}{2}$$

$$AB=2AM=2R\sin\frac{\alpha}{2}$$

$$MC=R-R\cos\frac{\alpha}{2}=R\left(1-\cos\frac{\alpha}{2}\right)$$

2. 三角函数基础知识与测量直角坐标系

如图 3—12 为测量直角坐标系，数学上的三角和解析几何中的有关公式可以直接应用到测量计算中。

（1）三角函数的定义

$$\sin\alpha=\frac{对边}{斜边}=\frac{\triangle y}{D}$$

$$\cos\alpha=\frac{邻边}{斜边}=\frac{\triangle x}{D}$$

$$\tan\alpha=\frac{对边}{邻边}=\frac{\triangle y}{\triangle x}$$

$$\cot\alpha=\frac{邻边}{对边}=\frac{\triangle x}{\triangle y}$$

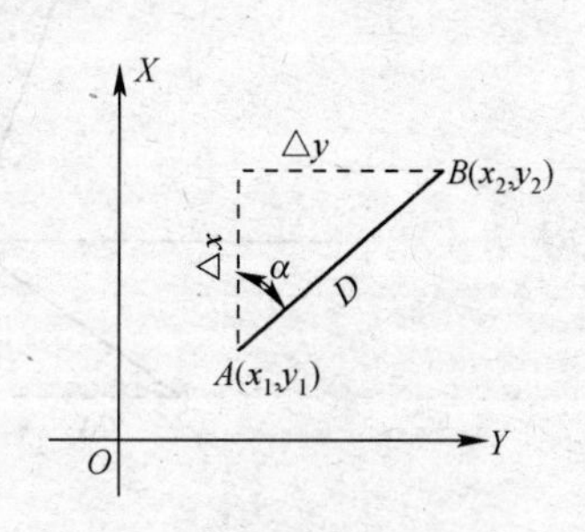

图 3—12　测量直角坐标系

（2）坐标的正算

$$\triangle x=D\cos\alpha$$

$$\triangle y=D\sin\alpha$$

$$x_2=x_1+\triangle x$$

$$y_2=y_1+\triangle y$$

（3）坐标反算（见图 3—13）

$$D=\sqrt{(x_2-x_1)^2+(y_2-y_1)^2}=\sqrt{\triangle x^2+\triangle y^2}$$

$$\alpha=\arctan\frac{\triangle y}{\triangle x}$$

坐标反算时，角度 α 象限的确定见表 3—1。

表 3—1　　**象限**

象限	Ⅰ	Ⅱ	Ⅲ	Ⅳ
$\triangle x$	+	−	−	+
$\triangle y$	+	+	−	−
α	0°～90°	90°～180°	180°～270°	270°～360°

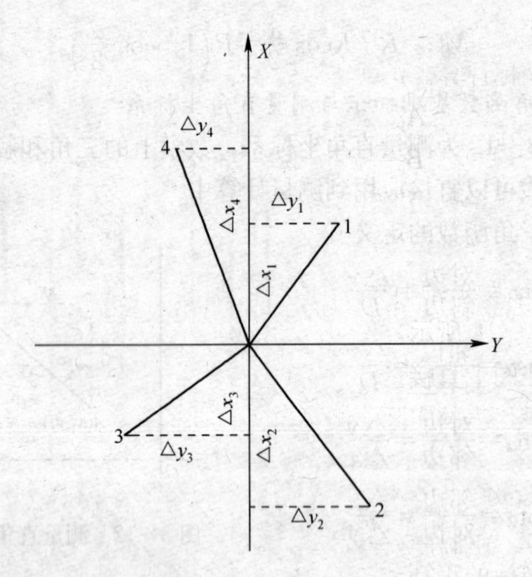

图 3—13　坐标反算

二、应用总平面图比例关系的计算

1. 求图上某一点的坐标

如图 3—14 所示，p 点是坐标网中的一点，欲求 p 点的坐标。设图纸比例尺为 1∶1 000，每格边长为 100 m。方法如下：

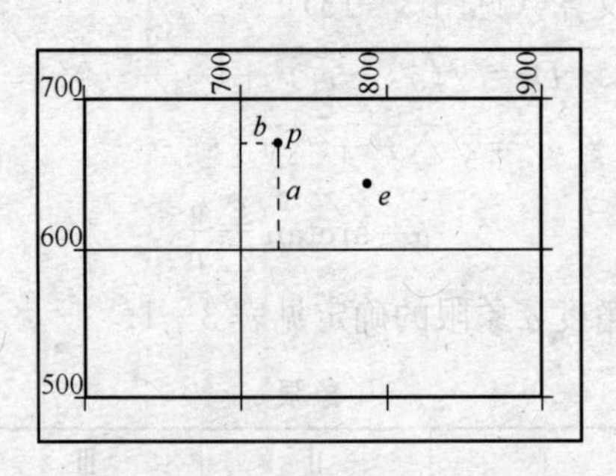

图 3—14　图解法求点的坐标

（1）用丁字尺对齐图框两边坐标线，分别画出 $A-600$ 的横坐标线和 $B-700$ 的纵坐标线。

（2）用比例尺或格尺，先量出 p 点至 $A-600$ 轴的距离，再

量出 p 点至 B－700 轴的距离。如 a＝67.5 mm，b＝23.5 mm。

（3）坐标计算。p 点坐标为：

$$A_p = 600 + 67.5 = 667.5 \text{ m}$$

$$B_p = 700 + 23.5 = 723.5 \text{ m}$$

为提高测量点精度，丁字尺要与图框上坐标线对齐、铅笔要细、线条要直、量距要准。

2. 求图上两点间的距离

如图 3—14 所示，求 p、e 两点间的距离。方法是用比例尺或格尺，在图上直接量取 p、e 两点的距离，然后，按图比例尺换算出线段代表的实际距离。已知比例尺为 1∶1 000，若量得两点距离 d＝52 mm，那么，实际距离为：

$$L = dM = 52 \times 1\,000 = 52\,000 \text{ mm} = 52 \text{ m}$$

式中　M——比例尺分母。

3. 求图上某点的高程

如图 3—15a 所示，如果所求点恰巧在等高线上，它的高程与它所在等高线的高程相同，图中 p 点的高程为 34 m。如果所求点不在等高线上，如图中 K 点，可用目估法计算。K 点在两条等高线平距的 3/4 处，K 点高程可估做 35.5 m。

由于绘图过程中等高线是用目估法描绘的，等高线允许误差在地面坡度为 0°～6°时，不大于 1/3 等高距；在地面坡度为 6°～15°时，不大于 1/2 等高距；在地面坡度大于 15°时，不超过 1 倍等高距。因此，利用地形图求得的点高程，在施工中仅供参考。如需真实地形，应进行实地测量。

4. 求地面坡度

地面坡度是直线两端的高差与水平距离之比，用 i 表示。

$$i = h/dM$$

式中　h——直线两端高差；

　　　d——图上量得的直线长度；

　　　M——比例尺分母。

如图 3—15a 中，a、b 两点高差为 2 m，图上量得 ab 线段长

2 cm，设图比例尺为 1∶2 000 那么，ab 段地面坡度为：

$$i=h/dM=2/(0.02\times2\ 000)=0.05=5\%$$

5. 画地形剖面图

如图 3—15a 所示，要求沿 AB 直线画出该地段的剖面图。绘制的方法是：画一坐标系统，横轴表示水平距离，纵轴表示高程。为明显地表示地形变化的情况，一般，纵轴比例尺比横轴的大 5～10 倍，如图 3—15b 所示。在横轴上标出点 1 作为起点，过点 1 作横轴垂线，在纵轴高程对应位置标出点 $1'$，然后在平面图上量取点 1、2 长度，按一定比例从点 1 起在横轴上标出点 2，过点 2 作横轴的垂线，在纵轴高程对应位置标出点 $2'$，依此类推逐点标下去，最后，将各高程点描成平滑曲线，即得出该地段的地形剖面图。

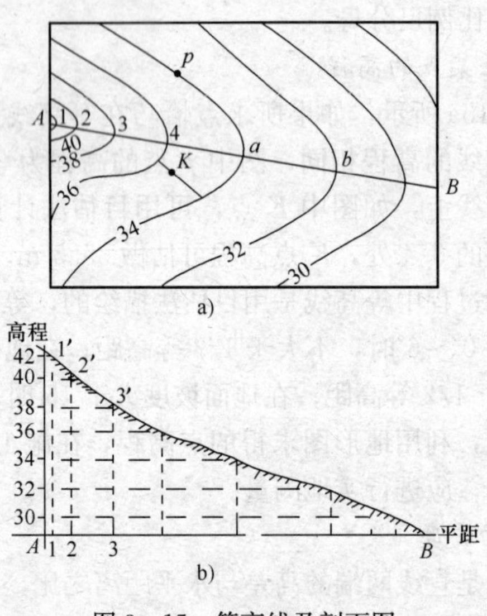

图 3—15　等高线及剖面图

三、坐标的解析计算

1. 点在平面直角坐标系的表示方法

平面直角坐标系是由两条互相垂直的坐标轴组成的。两条轴线的交点称为坐标原点。与原点相交的两坐标轴数值为零，如图

3—16 所示。平面上任意一点至 y 轴的垂直距离叫做该点的纵坐标，用 x 表示；至 x 轴的垂直距离叫做该点的横坐标，用 y 表示。

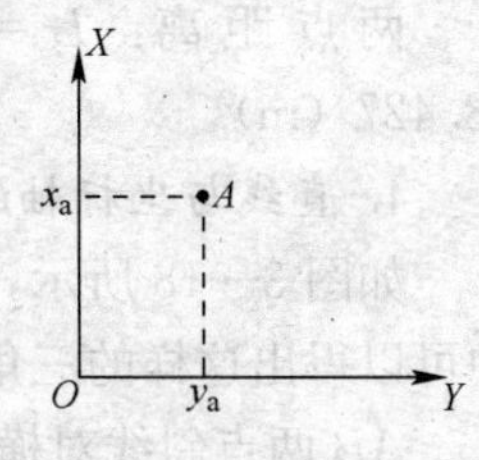

图 3—16　点在坐标中的表示法

地面上任意一点的平面位置，在图样上通常用 $A(x_a、y_a)$ 表示。若图 3—16 中 A 点坐标 $x_a=150$ m，$y_a=170$ m，可写成 A(150、170)。

2. 坐标增量

两个点的坐标之差叫坐标增量。纵坐标之差叫纵坐标增量，用 $\triangle x$ 表示。横坐标之差叫横坐标增量，用 $\triangle y$ 表示。如图 3—17 所示，若 A 点坐标为 $A(x_a、y_a)$，B 点坐标为 $B(x_b、y_b)$，则 A 点对 B 点的增量为：

$$\triangle x=x_a-x_b$$

$$\triangle y=y_a-y_b$$

由于本模块未涉及方位角等概念，所以在计算坐标增量时，遇到小数减大数，可用绝对值做下一步计算。

3. 计算两点间的距离

如图 3—17 所示，因为 $\triangle x$ 与 $\triangle y$ 互相垂直，因此，组成以 $\triangle x$ 和 $\triangle y$ 为直角边的直角三角形，AB 是三角形的斜边，所以 AB 两点的距离为：

$$L=\sqrt{\triangle x^2+\triangle y^2}$$

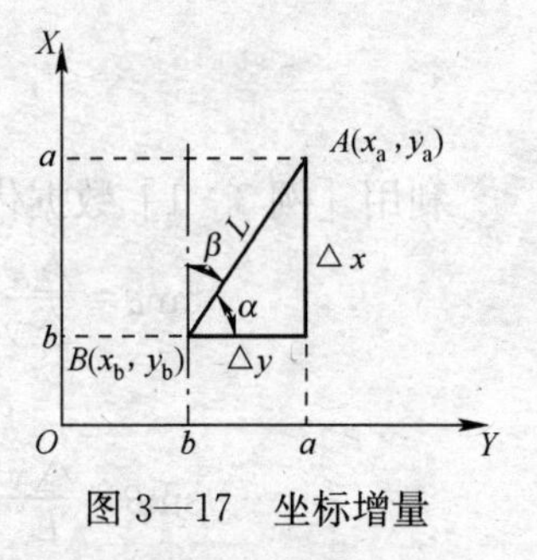

图 3—17　坐标增量

[例 3—1]　设 $A(x_a=567.600$，$y_a=763.450)$，$B(x_b=483.260$，$y_b=712.710)$，求增量 $\triangle x$、$\triangle y$ 和两点的距离 L。

[解]　纵坐标增量：$\triangle x=x_a-x_b=567.600-483.260=84.340$ (m)

横坐标增量：$\triangle y=y_a-y_b=763.450-712.710=50.740$ (m)

两点距离：$L=\sqrt{\triangle x^2+\triangle y^2}=\sqrt{84.340^2+50.740^2}=98.427$ (m)

4. 直线与坐标轴的夹角

如图 3—18 所示，如果过 B 点作两条坐标轴补线，从图形中可以得出这样的三角关系：

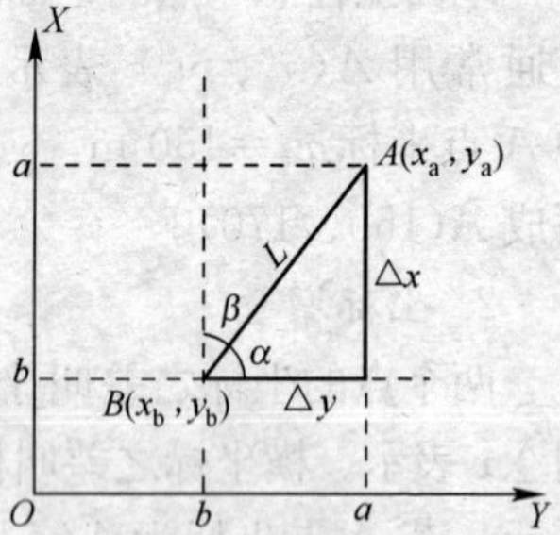

AB 两点斜线对横轴的夹角 α：

$$\tan\alpha=\frac{\triangle x}{\triangle y}$$

$$\cot\alpha=\frac{\triangle y}{\triangle x}$$

$$\sin\alpha=\frac{\triangle x}{L}$$

$$\cos\alpha=\frac{\triangle y}{L}$$

图 3—18 坐标增量及三角关系

AB 斜线对纵轴的夹角 β：

$$\tan\beta=\frac{\triangle y}{\triangle x}$$

$$\cot\beta=\frac{\triangle x}{\triangle y}$$

$$\sin\beta=\frac{\triangle y}{L}$$

$$\cos\beta=\frac{\triangle x}{L}$$

利用［例 3—1］数据代入公式。得

$$\tan\alpha=\frac{\triangle x}{\triangle y}=\frac{84.340}{50.740}=1.662\ 20$$

$$\alpha=58°58'6''$$

$$\sin\beta=\frac{\triangle y}{L}=\frac{50.740}{98.427}=0.515\ 51$$

$$\beta=31°1'54''$$

以上是由已知两点坐标来计算距离和角度，利用公式也可以利用已知距离和角度来计算坐标增量。即

$$\triangle x = L \cdot \sin\alpha$$

$$\triangle y = L \cdot \cos\alpha$$

或

$$\triangle x = L \cdot \cos\beta$$

$$\triangle y = L \cdot \sin\beta$$

[例 3—2] 如图 3—18 所示，已知 AB 两点距离 $L=98.427$ m，AB 直线与横轴夹角 $\alpha=58°58'6''$求 A 点对 B 点的增量$\triangle x=$？$\triangle y=$？

[解] $\sin\alpha=\sin 58°58'6''=0.85688$

$\cos\alpha=\cos 58°58'6''=0.51551$

$\triangle x=L\cdot\sin\alpha=98.427\times0.85688=84.340$ m

$\triangle y=L\cdot\cos\alpha=98.427\times0.51551=50.740$ m

5. 求两条直线的夹角

[例 3—3] 已知 ABC 三点，求以 C 点为极角的 $\alpha=$？线段 $AC=$？$BC=$？

三点坐标分别为：$x_a=337.200$　$y_a=312.100$

$x_b=310.700$　$y_b=325.400$

$x_c=272.300$　$y_c=157.300$

[解] （1）画图。

1）根据已知点的坐标，把点位大致标在坐标平面上（点位的上下左右关系是：纵轴大者在上，横轴大者在右），如图 3—19 所示。

2）过 C 点（极角）作纵横坐标轴补线，这时两条直线间的角度关系就明朗化了。

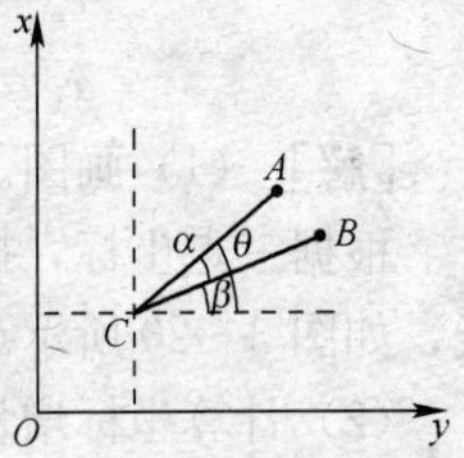

图 3—19　求两条直线的夹角

（2）计算坐标增量。

1）A 点对 C 点的增量

$\triangle x_{ac}=x_a-x_c=337.200-272.300=64.900$ m

$\triangle y_{ac}=y_a-y_c=312.100-157.300=154.800$ m

2）B 点对 C 点的增量

$\triangle x_{bc}=x_b-x_c=310.700-272.300=38.400$ m

$\triangle y_{bc}=y_b-y_c=325.400-157.300=168.100$ m

(3) 计算对坐标轴（横轴）的夹角。

1) AC 直线对横轴的夹角 θ

$$\tan\theta=\frac{\triangle x_{ac}}{\triangle y_{ac}}=\frac{64.900}{154.800}=0.41925$$

$$\theta=22°44'45''$$

2) BC 直线对横轴的夹角 β

$$\tan\beta=\frac{\triangle x_{bc}}{\triangle y_{bc}}=\frac{38.400}{168.100}=0.22844$$

$$\beta=12°52'3''$$

3) 两直线夹角

$$\alpha=\theta-\beta=22°44'45''-12°52'3''=9°52'42''$$

(4) 求线段长。

1) $AC=\sqrt{\triangle x_{ac}^2+\triangle y_{ac}^2}=\sqrt{64.900^2+154.800^2}=167.854$ m

2) $BC=\sqrt{\triangle x_{bc}^2+\triangle y_{bc}^2}=\sqrt{38.400^2+168.100^2}=172.430$ m

[例 3—4] 已知 ABC 三点，求以 C 点为极角的 $\theta=$? 三点坐标为：

$$x_a=633.000 \quad y_a=774.700$$

$$x_b=626.000 \quad y_b=657.680$$

$$x_c=578.000 \quad y_c=734.000$$

[解] (1) 画图。

根据三点坐标，把点标在坐标平面上，过极角作坐标轴补线，如图 3—20 所示。

(2) 计算坐标增量。

1) A 点对 C 点的增量

$\triangle x_{ac}=x_a-x_c=633.000-578.000=55.000$

$\triangle y_{ac}=y_a-y_c=774.700-734.000=40.700$

2) B 点对 C 点的增量

$\triangle x_{bc}=x_b-x_c=626.000-578.000=48.000$

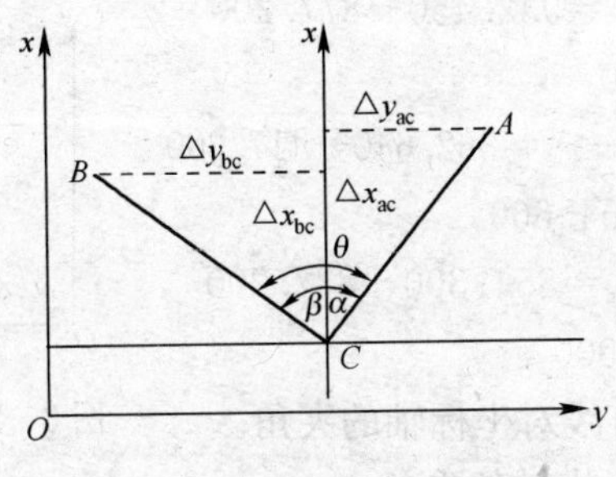

图 3—20　求两直线的夹角

$\triangle y_{bc}=y_b-y_c=657.680-734.000=-76.320$

(3) 计算两直线对坐标轴的夹角 θ。

从所作的图中看到，两直线在纵轴两侧，因此，计算对纵轴的夹角比较方便。

1) AC 直线对纵轴的夹角 α

$$\tan\alpha=\frac{\triangle y_{ac}}{\triangle x_{ac}}=\frac{40.700}{55.000}=0.740\ 00$$

$$\alpha=36°30'5''$$

2) BC 直线对纵轴的夹角 β

$$\tan\beta=\frac{\triangle y_{bc}}{\triangle x_{bc}}=\frac{76.320}{48.000}=1.590\ 00$$

$$\beta=57°49'58''$$

3) 两直线夹角

$$\theta=\alpha+\beta=36°30'5'+57°49'58''=94°20'3''$$

[例 3—5] 已知 ABC 三点，求以 C 点为极角的 $\theta=$？$AC=$？$BC=$？三点坐标为：

$$x_a=439.120\qquad y_a=932.450$$

$$x_b=362.640\qquad y_b=854.300$$

$$x_c=417.300\qquad y_c=877.200$$

[解] (1) 画图，如图 3—21 所示。

(2) 计算坐标增量。

1) $\triangle x_{ac}=x_a-x_c=439.120-417.300=21.820$

$\triangle y_{ac}=y_a-y_c=932.450-877.200$

$=55.250$

2）$\triangle x_{bc}=x_b-x_c=362.640-417.300$

$=-54.660$

$\triangle y_{bc}=y_b-y_c=854.300-877.200$

$=-22.900$

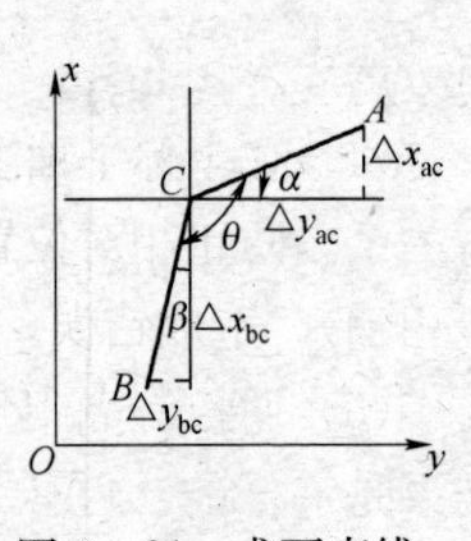

图 3—21　求两直线的夹角

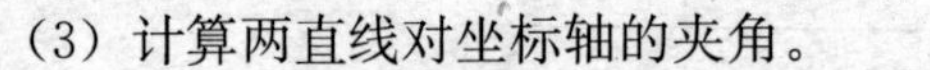

（3）计算两直线对坐标轴的夹角。

1）AC 直线对横轴的夹角 α

$$\tan\alpha=\frac{\triangle x_{ac}}{\triangle y_{ac}}=\frac{21.820}{55.250}=0.39493$$

$$\alpha=21^\circ33'2''$$

2）BC 直线对纵轴的夹角 β

$$\tan\beta=\frac{\triangle y_{bc}}{\triangle x_{bc}}=\frac{22.900}{54.660}=0.41895$$

$$\beta=22^\circ43'52''$$

3）两直线夹角

$$\theta=\alpha+\beta+90^\circ=21^\circ33'2''+22^\circ43'52''+90^\circ=134^\circ16'54''$$

（4）求线段长。

$$\sin\alpha=\sin21^\circ33'2''=0.36732$$

$$\sin\beta=\sin22^\circ43'52''=0.38641$$

1）$AC=\frac{\triangle x_{ac}}{\sin\alpha}=\frac{21.820}{0.36732}=59.403$

2）$BC=\frac{\triangle y_{bc}}{\sin\beta}=\frac{22.900}{0.38641}=59.263$

坐标解析计算应注意如下几个问题。

（1）首先，要建立以纵、横坐标增量为直角边组成直角三角形的概念。否则，其他计算将无从着手。

（2）计算直线与坐标轴的夹角都是锐角。计算三角函数时，直线与 y 轴夹角对应边为 $\triangle x$。直线与 x 轴夹角对应边为 $\triangle y$。注意换算过程不要弄错。

（3）计算两条直线夹角（称极角）时，要先分别算出两个锐角，然后再相加（如例 3—4）或相减（如例 3—3）算出夹角。

（4）在坐标平面上标点（画图）时，要注意点位的上下、左右关系，防止相对位置标错，误将两角本应相加变相减（或相减变相加），造成错误。

（5）两控制点中任意一点都可作为极角（测站点），其计算结果是一样的。但认定一点后，现场施测时必须用这一点作测站。否则，因极点不同，原计算数据不能使用。

（6）必须使用同一种坐标值（建筑坐标或测量坐标），两者不能混用。

思考题

1. 如何确定点的空间位置？

2. 作图表示空间直线 AB，在水平面 P 上的水平距离、垂直距离及竖直角。

3. 作图表示空间两相交直线 AB、BC，在水平面 P 上的水平角 β。

4. 什么叫大地水准面和假定水准面？

5. 什么叫绝对高程和相对高程，两者有什么区别，它们的关系是什么？

6. 在施工测量中量测的距离是什么距离，所量测的平面角度是什么角度？

7. 已知两点的水平距离为 45 m 采用 1∶200 比例尺，图上的长度应为多少？

第四单元　水 准 测 量

培训目标：

1. 了解水准仪的组成及各部分的作用。
2. 掌握水准测量的原理，并能熟练使用水准仪。
3. 掌握水准测量记录、计算的方法。
4. 掌握水准测量结果的计算校核方法。
5. 掌握水准尺的识读方法、扶尺要点。

模块一　水准测量的仪器和工具

水准测量是利用水准仪提供的水平视线，分别照准竖立在两点上的水准标尺并读数，直接测出地面上两点间的高差，然后，根据已知点的高程推算出待定点的高程。水准仪和水准标尺是实施几何水准测量的主要仪器设备，尺垫的主要作用是传递高程。

水准仪的类型很多，我国按其精度指标划分为 DS05、DS1、DS3 和 DS10 四个等级，D 和 S 分别为“大地测量”和“水准仪”汉语拼音的第一个字母，数字 05、1、3、10 是指用该类型水准仪进行水准测量时，每公里往、返测高差中数的偶然误差值，分别不超过 0.5 mm、1 mm、3 mm、10 mm。在建筑工程测量中，最常用的是 DS3 型微倾水准仪。现代的水准仪多采用自动安平装置，在这类仪器的型号中有一个字母“Z”。

一、DS3 级水准仪构造

水准仪由三大部分构成，即望远镜、水准器和基座。如图 4—1 所示为 DS3 型水准仪的构造图。

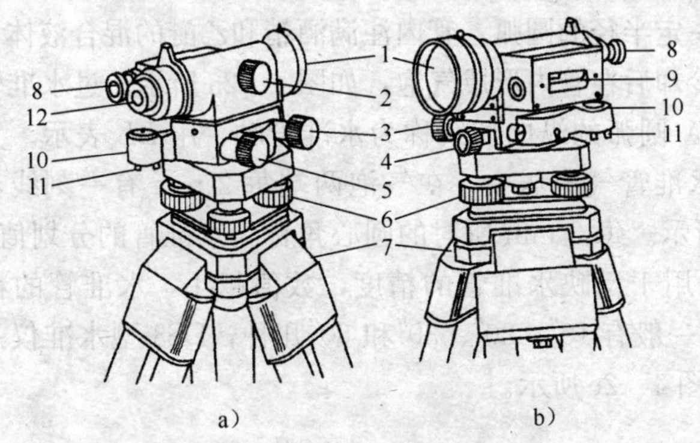

图 4—1 DS3 型水准仪的构造

1—物镜 2—物镜对光螺旋 3—微动螺旋 4—制动螺旋 5—微倾螺旋 6—定平脚螺旋 7—三脚支架 8—符合气泡观察镜 9—管水准器 10—圆水准器 11—校正螺钉 12—目镜

1. 望远镜

望远镜由物镜、物镜对光螺旋、十字丝分划板、目镜及目镜对光螺旋等组成。

物镜的作用是使远处目标（水准尺）在望远镜内成倒立缩小的实像，转动物镜对光螺旋，使成像落在十字丝网平面上；目镜的作用是将十字丝网及其上面的成像放大，以便于人眼观测；转动目镜对光螺旋，可使十字丝及成像清晰；十字丝主要用于精确瞄准和读数。它是刻在玻璃上相互垂直的两条细丝，竖直的一条称为纵丝，中间的一条称为横丝（中丝）。

为便于完成瞄准，在望远镜的前方设有制动和微动螺旋。在瞄准时，先利用望远镜上的准星与照门大致瞄准目标、制动望远镜，再利用微动螺旋精确瞄准。

望远镜中，十字丝的交点与物镜光心的连线称为视准轴，用 *CC* 表示。

2. 水准器

水准仪的整平依靠水准器进行，水准器分为管水准器和圆水准器。

（1）管水准器。管水准器又叫水准管，水准管两端封闭而内壁磨成一定半径的圆弧，管内注满酒精和乙醚的混合液体，加热封闭，冷却后在管内形成气泡，如图 4—2a 所示。过水准管零点（最高点）圆弧的纵向切线称为水准管轴，用 LL 表示。为了精确地使水准管气泡居中，在气泡两端每 2 mm 有一刻线，如图 4—2b 所示。每 2 mm 所对的圆心角称为水准管的分划值，用 τ 表示。τ 用于反映水准管的精度，数值越小，水准管的精度越高。τ 值一般有 10″、20″、30″和 60″几种，DS3 型水准仪一般为 20″，如图 4—2c 所示。

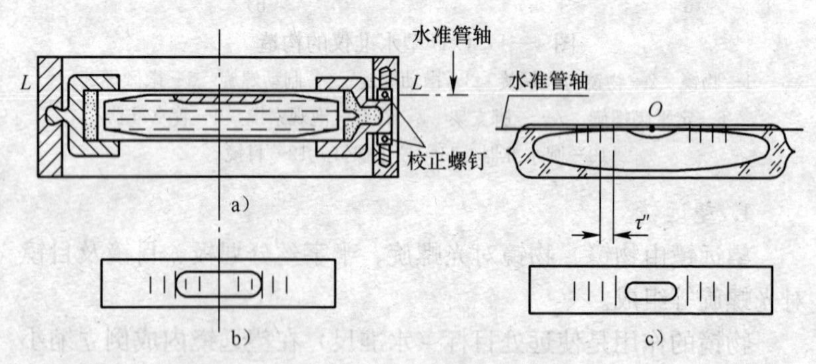

图 4—2　长水准管

在水准测量中，为了更精确地整平水准管，在水准管的上方安装了一组棱镜，把水准管一半气泡的两端的影像折射到望远镜旁的气泡窗内。每次读数之前，必须用微倾螺旋调节使气泡居中，即两端的影像吻合，如图 4—3 所示。

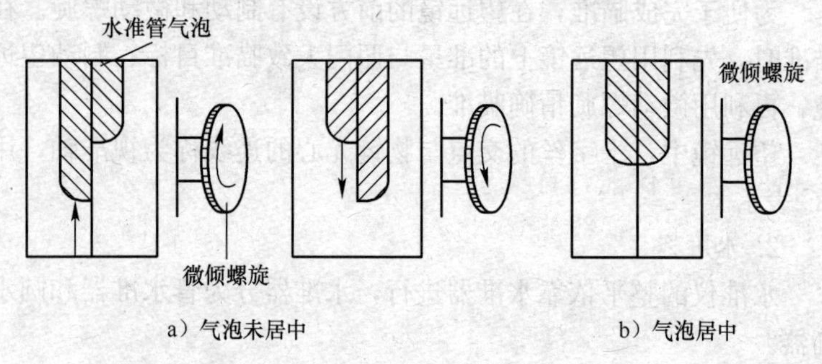

图 4—3　调节气泡

（2）圆水准器。圆水准器又叫盒水准器。它是将顶面磨成球面的玻璃圆盒，中央刻有小圆圈，如图 4—4 所示。水准器的最高点（圆圈中心）与球心的连线称为圆水准器轴，用 $L'L'$ 表示，盒水准器内部注入的液体与制作和水准管的相同。

3. 基座

基座用来支承仪器上部，并通过连接螺栓与三脚架连接。基座由轴座、轴套、脚螺旋和三角连接板构成，如图 4—5 所示。轴座在基座内，仪器的竖轴（用 VV 表示）插在轴座内，可使望远镜在水平方向旋转。脚螺旋可调节圆水准器的气泡居中，并将仪器粗略整平。

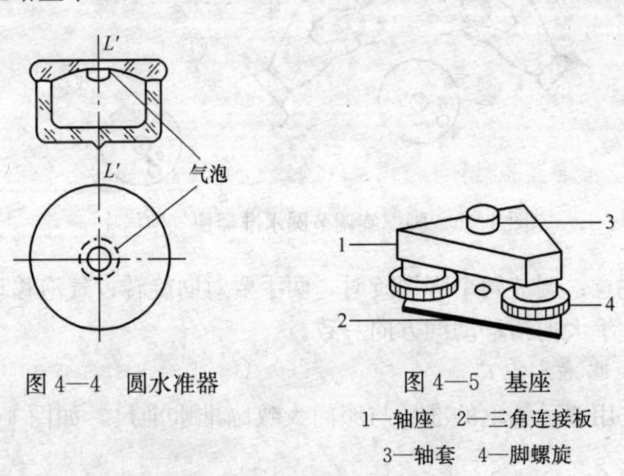

图 4—4　圆水准器

图 4—5　基座

1—轴座　2—三角连接板

3—轴套　4—脚螺旋

二、水准仪的使用

在一个测站上，水准测量主要包括安置仪器、仪器初步整平、瞄准水准尺、精确整平、读数等步骤。

1. 安置仪器

使用水准仪前，首先应在前后视距接近相等、地势平坦、土质坚实、水平视线能看到水准尺的地方，安置仪器。按照需要调节好高度，将三脚架的三条腿分开，牢固地踩入土中，并保持架头水平；将仪器从箱中取出，用连接螺栓固定在三脚架上。

2. 初步整平

用三个脚螺旋将圆水准器中的气泡调整在圆圈内，使气泡居中。步骤如图 4—6 所示，先使气泡处在脚螺旋 3 与脚螺旋 1 和 2 连线的垂足上，按箭头所指的相对方向转动脚螺旋 1 和 2，然后，再用脚螺旋 3 使气泡居中。

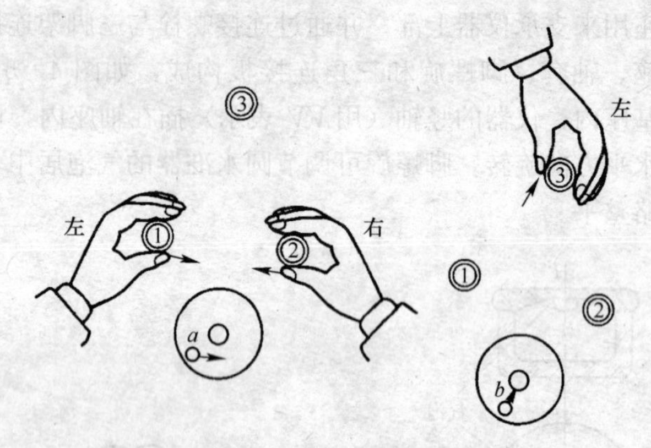

图 4—6　脚螺旋调节圆水准器使气泡居中

注意：调节两个脚螺旋时，两手要对向旋转；气泡移动的方向与左手大拇指移动的方向一致。

3. 瞄准水准尺

先用望远镜上的准星与照门大致瞄准水准尺，如图 4—7 所

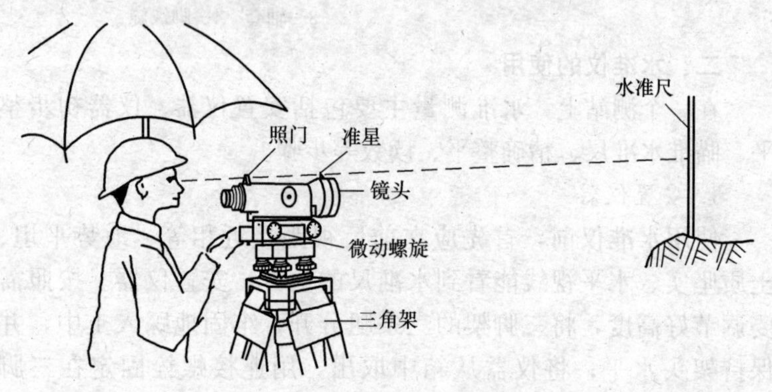

图 4—7　用准星与照门大致瞄准水准尺

示，旋紧制动螺旋，再转动微动螺旋，使十字丝的竖丝与水准尺的一边相切。

注意：扶尺时，要将水准尺扶直、扶稳，水准尺处于垂直状态时，所读得的数才是准确的；在作业过程中，要经常注意尺底的清洁，以免造成零点有误。

4. 精确整平

调节望远镜右下方的微倾螺旋，使水准管中的气泡精确居中。从气泡窗中，观察气泡两端成像的符合情况，如图 4—3 所示。

注意：微倾螺旋的旋转方向与左侧半气泡影像的移动方向一致。

5. 读数

在读数之前，先进行目镜调焦、物镜调焦，并消除视差（当眼睛靠近目镜上下微微晃动时，如果水准尺上的读数随之变动，这种现象叫视差）。读数时，用十字丝的中丝在水准尺上读数。读数要取四位，即米、分米、厘米和毫米都要有具体数字；如果没有，就用“0”补齐，如图 4—8 所示。因为水准尺的最小刻划为厘米，所以毫米的数字是估计读出的，称为估读。

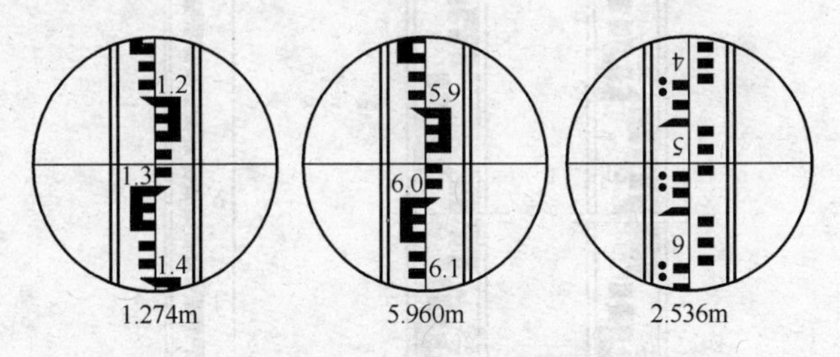

图 4—8　水准尺读数

注意：读数时，应注意望远镜的成像是正像还是倒像，正像读数时，是从下向上读取，倒像读数时，是从上向下读取。消除视差的方法：仔细转动目镜和物镜的对光螺旋，直至成像稳定，读数不变时为止；当分米注记有红点时，不要漏读点数，以免读错米数；读数后，应再检查气泡是否居中，若不居中，应再次进行精平，并重新读数。

三、水准尺

水准尺一般由干燥的优质木材制成，也有用铝合金或玻璃钢制成的。水准尺有双面水准尺和塔尺两种。

1. 双面水准尺

双面水准尺的尺长一般为 3 m，如图 4—9a 所示，尺面每隔 1 cm 涂以黑白或红白相间的分格，每分米处皆注有数字。尺子底面钉有铁片，以防磨损。涂黑白相间分格的一面称为黑面，另一面的分格为红白相间，称为红面。在水准测量中，水准尺必须成对使用。每对双面水准尺的黑面底部的起始数均为零，而红面底部的起始数分别为 4 687 mm 和 4 787 mm。为使水准尺更精确地处于竖直位置，多数水准尺的侧面装有圆水准器。

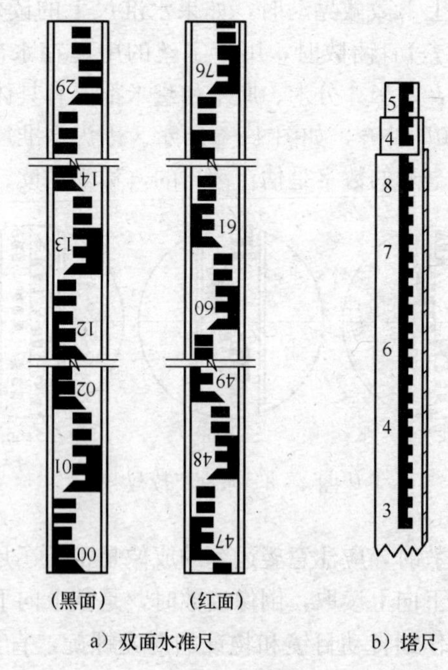

（黑面）　（红面）

a）双面水准尺　b）塔尺

图 4—9　水准尺

2. 塔尺

塔尺一般用于等外水准测量，如图 4—9b 所示，为了便于携带，一般制成伸缩尺的形式，长度为 3 m、5 m 等。在塔尺上超过 1 m 的标记，只标注分米数，但在分米的上方用圆点的数目来表示米数，如 $\ddot{8}$ 表示 2.8 m，$\dddot{5}$ 表示 3.5 m。

3. 水准尺的使用方法

（1）水准尺要扶直、扶稳。水准尺处于垂直状态时所读得的数才是准确的。如果标尺背面或旁边装有圆水准器，用垂线从两个正交的位置检查过圆水准器后，可通过观察气泡是否居中来掌握尺子的垂直度。

对无气泡的标尺，观测员可从望远镜中观察尺子与竖丝是否平行来判断尺子是否左右倾斜，如果有倾斜可通知扶尺员纠正。尺子发生前后倾斜时，观测员一般不易发现，这时，应要求扶尺员站在尺后、身体端正、双手扶尺。保持正确的扶尺姿势，有助于将尺子扶直。初扶时，可由另一人在与水准仪视线呈正交的方向用垂线进行检查。

（2）在作业过程中，要经常注意尺底的清洁，以免造成零点有误。使用塔尺时，要注意检查接口处有没有下滑移位，以免造成读数错误。

四、尺垫

尺垫是水准测量中供支承水准标尺和传递高程所用的三角形或圆形的铸铁座，中央有凸起圆顶作为置尺的转点，尺垫下面有三个支点可踩入地下。为便于携带，尺垫上一般装有铁环提手，如图 4—10a 所示。水准尺放在尺垫中部凸起的球顶面上，它的作用是防止水准尺下沉以及避免尺子转动时改变转点的高程而产生误差。

防止立尺点下沉是水准测量中应注意的问题。在进行较高精度水准测量的过程中，转点均需使用尺垫。在地面土质不坚实、不稳固或找不到突起的地面点立尺的情况下，也需要使用尺垫，以保证精度。

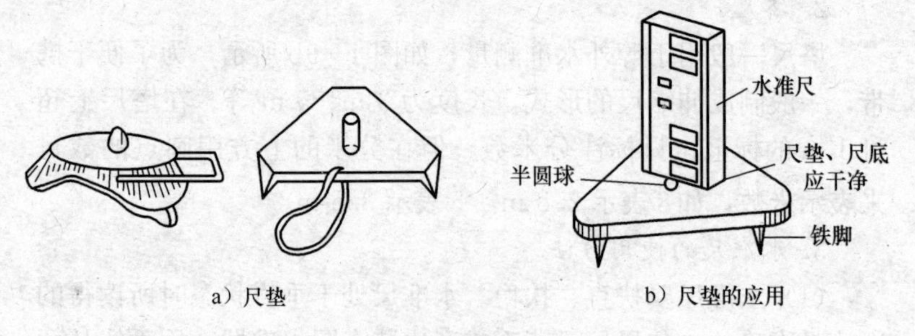

图 4—10　尺垫及应用

模块二　水准测量原理及方法

建筑工程的设计和施工中，都必须确定地面点的高程。水准测量是高程测量工作中较为精确的方法。

水准测量的基本任务是确定地面点与点之间的高差，并根据高差和已知点的高程，推算出其他测点的高程。在测量中，高差是凭借视线水平时，利用竖直的水准尺上的读数来计算的。

水准仪是一种能提供一条与大地水准面（或假定水准面）平行的水平视线的测量仪器。

一、高程差法

下面用高程差法讲解水准测量的基本原理，如图 4—11 所示，当已知地面点 A 的高程 H_A 而需要测定 B 点的高程 H_B 时，如果能求出 A、B 两点的高差 h_{AB}，就能计算出 B 点的高程。为了求得高差 h_{AB}，可在 A、B 两点竖立水准尺，同时，为了抵消各种误差，宜将水准仪尽可能安置在 A、B 两点的中点。当水准仪的视准轴呈水平时，依次地对向两水准尺，截取水准尺的读数 a 和 b。从几何原理不难看出，所求高差 h_{AB}，由下式决定：

$$h_{AB}=a-b$$

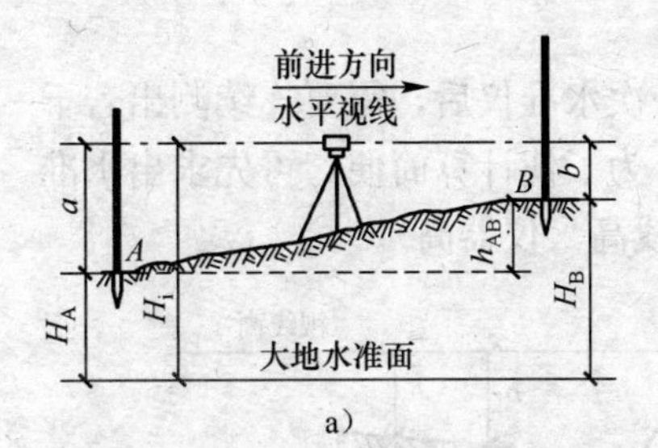

a）

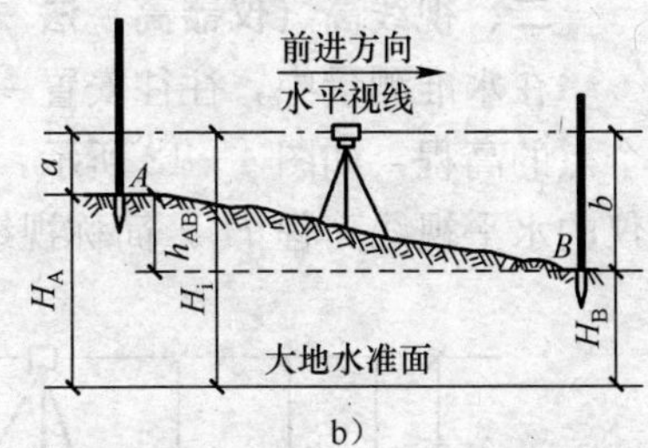

b）

图 4—11　水准测量原理图示

水准测量是沿着既定的路线，按照一定方向进行的。若测量自 A 向 B 方向行进，则立在 A 点的水准尺称后视尺，读数 a 称后视读数；立在 B 点的水准尺称前视尺，读数 b 称前视读数。因此，上式可用语言表述为地面上两点的高差，等于后视读数减去前视读数。

如果所得的高差为正号，说明前视点的位置高于后视点，如图 4—11a 所示；如果所得的高差为负号，说明前视点的位置低于后视点，如图 4—11b 所示。

A、B 两点的高差算出后，即可根据已知点 A 的高程 H_A，由下式求出点 B 的高程 H_B。

$$H_B = H_A + h_{AB} = H_A + (a - b)$$

即前视点的高程等于后视点的高程加上相应的高差。

［**例 4—1**］　如图 4—11a 所示，已知 A 点高程 $H_A = 122.632$ m，后视读数 $a = 1.547$ m，前视读数 $b = 0.924$ m，求 B 点的高程 H_B。

［**解**］　AB 两点高差为：

$$h_{AB} = a - b = 1.547 - 0.924 = 0.623 \text{ m}$$

B 点的高程为：

$$H_B = H_A + h_{AB} = 122.632 + 0.623 = 123.255 \text{ m}$$

当已知的高程点与待测的高程点相距较远，需在其间设置若干个转点时，在水准引测中使用高差法较为方便。

二、视线高（仪器高）法

在水准测量中，往往安置一次水准仪后，需要连续测出若干个点的高程，如图 4—12 所示，为了使计算简便，可先求出水准仪的水平视线高程 H_i，简称视线高（仪器高）。

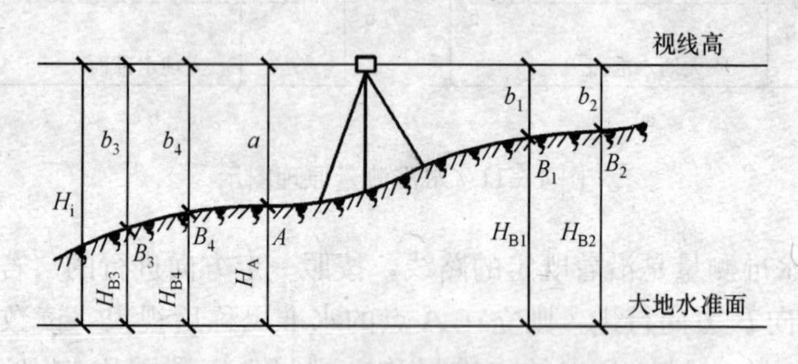

图 4—12　视线高法测量高程

即
$$H_i = H_A + a$$

也就是说，视线高等于点的高程加上该点的水准尺读数。然后，依视线高的数据，分别计算各点的高程

$$H_{B1} = H_i - b_1$$
$$H_{B2} = H_i - b_2$$
$$\cdots$$
$$H_{Bn} = H_i - b_n$$

即各点的高程等于视线高减去该点的水准尺读数。

该方法在场地测平及控制施工平面标高中应用十分广泛。

［**例 4—2**］　如图 4—13 所示，已知 A 点的高程 $H_A = 423.518$ m，要测出相邻点 1、2、3 的高程。先测得 A 点后视读数 $a = 1.563$ m，前视读数 $b_1 = 0.953$ m，$b_2 = 1.152$ m，$b_3 = 1.328$ m。

［**解**］　先算出视线高程，再计算各个待测定点的高程。

$$H_i = H_A + a = 423.518 + 1.563 = 425.081 \text{ m}$$
$$H_1 = H_i - b_1 = 425.081 - 0.953 = 424.128 \text{ m}$$
$$H_2 = H_i - b_2 = 425.081 - 1.152 = 423.929 \text{ m}$$

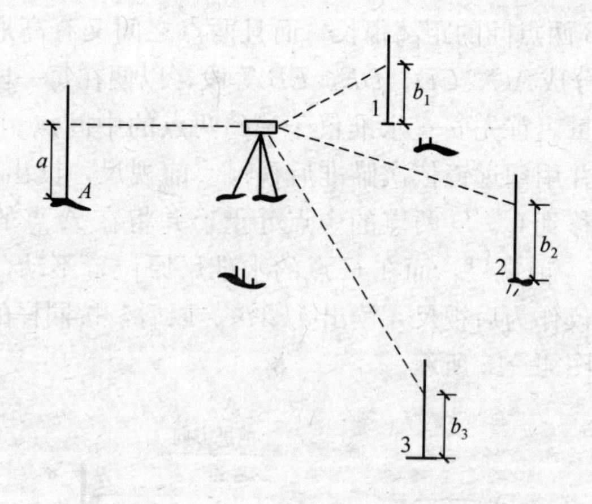

图 4—13　视线高法计算高程

$$H_3 = H_i - b_3 = 425.081 - 1.328 = 423.753 \text{ m}$$

三、复合水准测量法

通常把从一个仪器安置点（测站）所作的水准测量，称为简单水准测量。

假如两点间的距离很长，一次观测视线超出水准尺或地势起伏很大，安置一次仪器不能达到高程测量的目的，就需要安置多次仪器，也就是要通过Ⅰ、Ⅱ、Ⅲ…几个测站进行测量，才能测出所求点的高程，这种测量方法称为复合水准测量法，如图 4—14 所示。

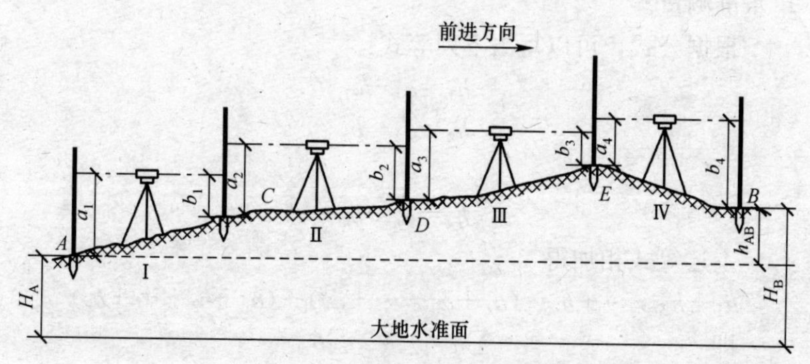

图 4—14　复合水准测量图示

A、B 两点间的距离很长，而且两点之间又有高地，就必须将 AB 线分成 AC、CD、DE、EB 等段，以便在每一段中进行简单水准测量。首先安置水准仪于 AC 两点的中间点 Ⅰ上，使视线水平，并用望远镜依次瞄准后视尺、前视尺，读出 a_1、b_1 后，将水准仪移到 C、D 两点的中点Ⅱ上，并将在 A 点的后视尺移到 D 点作为前视尺，而在 C 点的水准尺原位置不动，反转尺面对向水准仪作为后视尺，读出 a_2、b_2；以后，按同样的做法依次类推，如图 4—15 所示。

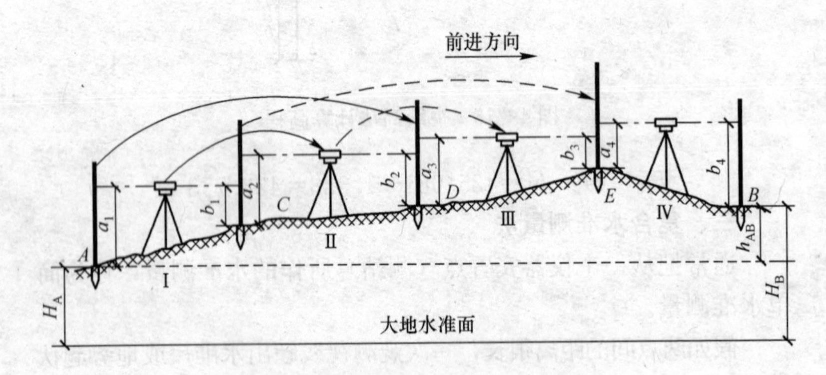

图 4—15　水准仪及水准尺位置移动方法

如果在 A、B 两点间安置了 n 次仪器，就说明进行了 n 次简单水准测量。

根据公式，可以写出下列等式：

$$h_1=a_1-b_1$$
$$h_2=a_2-b_2$$
$$\cdots$$
$$h_n=a_n-b_n$$

上述等式相加得

$$h_1+h_2+\cdots+h_n=(a_1+a_2+\cdots+a_n)-(b_1+b_2+\cdots+b_n)$$

即
$$\sum h=\sum a-\sum b$$

而
$$\sum h=h_1+h_2+\cdots+h_n=h_{AB}$$

则 $$h_{AB}=\sum a-\sum b$$

由此可得结论：进行复合水准测量时，终点对于始点的高差，既等于各段高差的总和，也等于后视读数的总和减去前视读数的总和之差。

测量工作的数据一般都应记录在规定的表格上，通过表格计算，可如实地反映出测算过程和结果。

[例 4—3] 如图 4—16 所示，从已知高程点 BM_A（H_A = 32.408 m）引测到 B 点，求 B 点的高程 H_B＝？

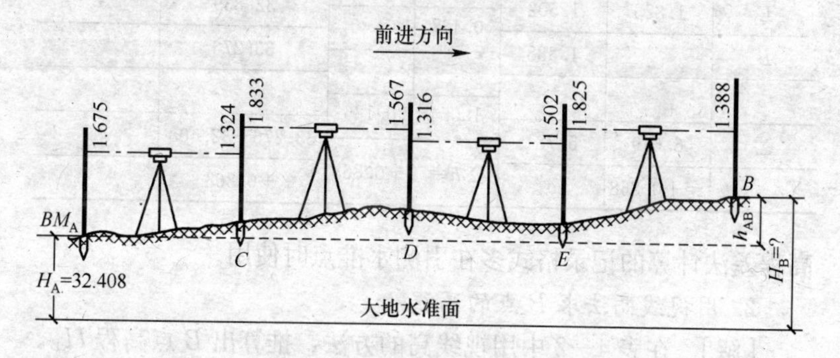

图 4—16　A、B 复合水准测量中间各点数据图示

1. 用高程差法求 B 点的高程

[解] 从图 4—16 中不难看出：在已知 BM_A 的高程 H_A 的条件下，把水准仪安置在 BM_A、C 两点的中点上，截取后视读数 a 为 1.675，前视读数 b 为 1.324，就可算出 C 点的高程 H_C。

h_{AC}（BM_A、C 两点的高差）＝a（后视）－b（前视）

H_C（C 点的高程）＝H_A（BM_A点的高程）＋h_{AC}

将数字代入上式后得

$$h_{AC}=1.675-1.324=0.351$$

$$H_C=32.408+0.351$$

依次类推可算出 B 点的高程 H_B。

其计算结果见表 4—1。

表 4—1　　　用高程差法计算的水准测量手簿

工程名称 BM_A－B　　日期　　年　月　日　　　　观测：

仪器型号 DS3　　　　　　　天气　　　　　　　　记录：

测点	后视读数	前视读数	高差		高程	备注
			+	－		
BM_A	1.675		0.351		32.408	
C	1.833	1.324	0.266		32.759	
D	1.316	1.567		0.186	33.025	
E	1.825	1.502	0.437		32.839	
B		1.388			33.276	
			1.054	0.186		
$\sum$	6.649	5.781	$\sum h=$	+0.868	33.276－32.408	
$\sum a-\sum b$	=+0.868				+0.868	

高程差法计算的记录格式多在引测水准点时使用。

2. 用视线高法求 B 点的高程

［解］　在表 4—2 中用视线高的方法，推算出 B 点高程 H_B。

表 4—2　　　用视线高法计算的水准测量手簿

工程名称 BM_A－B　　日期　　年　月　日　　　　观测：

仪器型号 DS3　　　　　　　天气　　　　　　　　记录：

测点	后视读数	视线高	前视读数		高程	备注
			转点	中间点		
BM_A	1.675	34.083			32.408	
C	1.833	34.592	1.324		32.759	
D	1.316	34.341	1.567		33.025	
E	1.825	34.664	1.502		32.839	
B			1.388		33.276	
					32.408	
$\sum$	6.649		5.781			
$\sum a-\sum b$	=+0.868				h_{AB}=+0.868	

视线高法计算的记录格式多应用在建筑施工测量中。

3. 记录中计算校核方法

记录中计算校核方法是根据 $h_{AB}=\sum a-\sum b$ 的公式进行的，即

$$\sum h(\text{高差总和})=\sum a(\text{后视总和})-\sum b(\text{前视总和})=H_B(\text{终点高程})-H_A(\text{始点高程})$$

需要说明的是，这项校核只能用于判断计算过程中有无错误，而不能用以检验测量结果。例如，假定观测者读错一个读数（后视或前视），这在计算过程中是发现不了的。虽然，计算能满足上述校核公式，但测量的结果却是错误的。

四、测量记录的基本要求

（1）原始真实、数字正确、内容完整、字体工整。

（2）记录应填写在规定的表格中，首先应先将表头所列各项内容填好，并熟悉表中所列各项内容和相应的填写位置。

（3）记录应当场、及时填写清楚。不允许先写在草稿纸上后转抄，以防转抄错误，保持记录的“原始性”。采用电子记录手簿时，应打印出观测数据，所记录数据必须符合法定计量单位。

（4）相应数字及小数点应左右成列、上下成行、一一对齐。记错或算错的数字，不准涂改或擦去重写，应将错误的数字划一斜线，将正确的数字写在错误的数字的上方。

（5）记录中数字的位数应反映观测精度，如水准读数应读至mm。若某读数正好为 1.33 m 时，应记为 1.330 m，而不记为 1.33 m。

（6）记录过程中的简单计算，应现场、及时进行（如取平均值等），并做校核。

（7）记录人员应及时校对观测所得到的数据。根据所测数据与现场实况，以目估法及时发现观测中的明显错误，如水准测量中读取整米数等。

（8）草图、点的记图应当场勾绘，方向、有关数据和地名等

应一并标注清楚。

(9) 注意保密。测量记录应妥善保管，工作结束后，应及时上交有关部门保存。

五、测量计算的基本要求

(1) 依据正确、方法科学、计算有序、步步校核、结果可靠。

(2) 计算工作开始前，应对外业记录、草图等认真仔细地逐项审阅与校核，以便熟悉情况，并及早发现与处理记录中可能存在的遗漏、错误等问题。外业观测结果是计算工作的依据。

(3) 计算过程一般应在规定的表格中进行，按外业记录要求，在计算表中填写原始数据时，严防抄错，填好后应换人校对，以免发生转抄错误。这一点必须特别注意，因为抄错原始数据，在以后的计算校核中是无法发现的。

(4) 计算中，必须做到步步有校核，各项计算前后联系时，前者经校核无误，后者才可开始计算。校核方法以独立、有效、科学、简捷为原则选定，常用的方法有以下两种。

1) 复算校核。将计算重做一遍，条件许可时，最好换人校核，以免因习惯性错误而“重蹈覆辙”，使校核失去意义。

2) 概略估算校核。在计算之前，可按已知数据与计算公式，预估结果的符号与数值，所得结果虽不可能与精确计算的值完全一致，但一般不会有很大差异，这对防止出现计算错误至关重要。

计算校核一般只能发现计算过程中的问题，而不能发现原始依据是否有误。

(5) 计算中所用数字应与观测精度相适应，在不影响结果精度的情况下，要及时合理地删除多余的数字，以提高计算速度。删除多余数字时，宜保留到有效数字后一位，以使最后的结果中有效数字不受删除数字的影响。删除数字应遵守“四舍、六入、整五凑偶（即单进、双舍）”的原则。

模块三　水准点及水准路线

一、水准点

为了统一全国高程测量系统和满足各种工程建设的需要，国家在各地埋设了很多固定的标志，并用各种等级的水准测量方法统一测出它的高程，这种高程控制点称为水准点。水准点是引测高程的依据。

国家水准测量按控制次序和施测精度分为一、二、三、四四个等级。一、二等水准测量是国家高程控制网的骨干，三、四等水准测量是以一、二等水准测量为依据，进一步加密以直接提供各种工程建设需要的次级高程控制点的测量。一般，普通建筑施工用的均为等外水准测量。

水准点分永久性水准点和临时水准点两种，如图 4—17 所示。

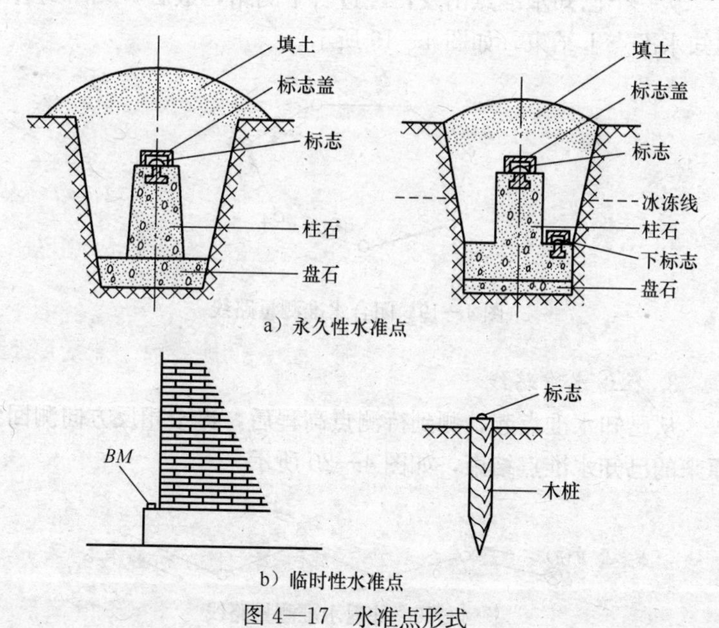

图 4—17　水准点形式

水准点的位置要选择在土质坚硬、稳定安全，又便于长期保存和引测、使用方便的地方。

二、水准路线

水准测量进行的路线，称为水准路线。它们的布设形式有以下三种。

1. 附合水准路线

从一个已知水准点开始，经过若干测站到欲测点之后，继续向前施测到另一个已知水准点上结束，如图 4—18 所示。

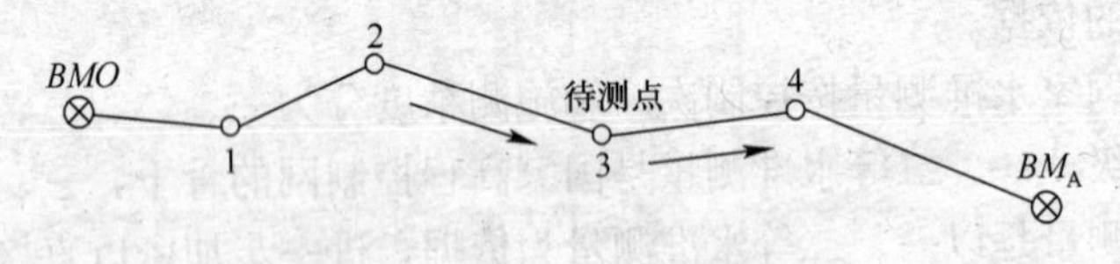

图 4—18 附合水准测量路线

2. 闭合水准路线

从一个已知水准点出发，经过若干测站，最后，又回到这个已知水准点上结束，如图 4—19 所示。

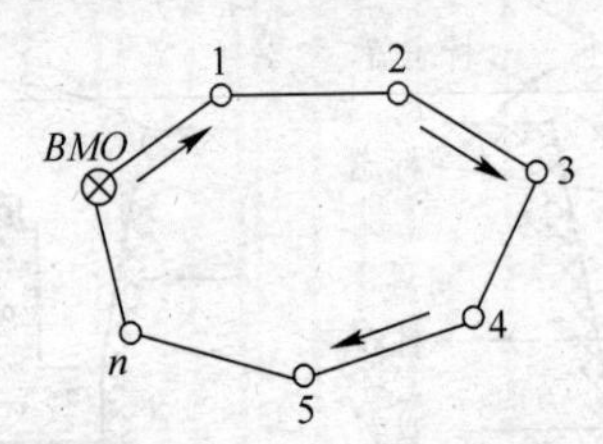

图 4—19 闭合水准测量路线

3. 往返水准路线

从已知水准点起，测到待测点高程后，再按相反方向测回到原来的已知水准点结束，如图 4—20 所示。

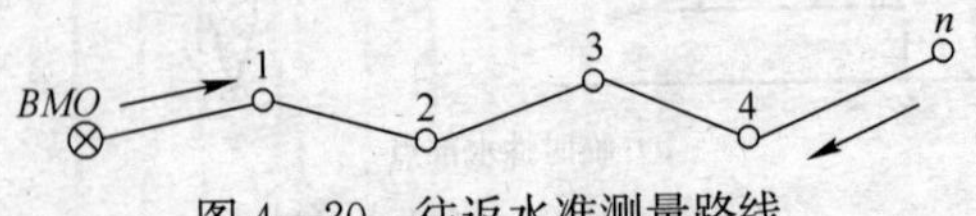

图 4—20 往返水准测量路线

以上简述的三种水准路线的布设形式，可根据需要进行选择。这三种形式本身就包括了校核内容。理论上，其高差的代数和应等于零，但实际上常常不等于零，而等于某一数值，此数值称作高差闭合差（以$\triangle h$表示）。当$\triangle h$大于容许误差（以$f_{h容}$表示）时应重测。当$\triangle h$小于或等于$f_{h容}$时，可将$\triangle h$进行调整，这叫做平差计算。

模块四　水准测量结果校核

一、水准测量的测站校核

在水准高程引测中，由于各站之间的连续性，任何一站发生错误或超差，均会使整个测量结果返工重测。因此，每站都应进行校核，及时发现问题。常用的测站校核方法有如下两种。

1. 双仪器高差法

在每一测站上安置两次仪器，测两次高度（但两次仪器安置的高度差应大于 10 cm），当两次高度之差小于 5 mm 时取平均值，大于5 mm 时要重测。

2. 双面尺法

使用红黑两面水准尺，每测站上用红黑两面所测得的高差进行校核。

注意：红黑两面水准尺测得的高差相差 0.100 m。

二、一般工程测量的允许闭合差

《工程测量规范》（GB 50026—2007）或《高层建筑混凝土结构技术规程》（JGJ3—2010）规定，一般工程测量的允许闭合差如下：

$$f_{h允}=\pm 12\ \text{mm}\sqrt{L}$$

$$f_{h允}=\pm 6\ \text{mm}\sqrt{n}$$

式中　L——水准测量路线的总长（单位：km）；

n——测站数。

三、附合水准测量闭合差的计算与调整

［**例 4—4**］ 如图 4—21 所示，BM_7、BM_4 为两个水准点，BM_7 的高程为 44.027 m，BM_4 的高程为 46.647 m，A、B 为待定高程点，各测段、测站及实测高差均注在图中，求高差闭合差。若误差在允许范围内，对闭合差进行附合调整，最后求出 A、B 点调整后的高程。

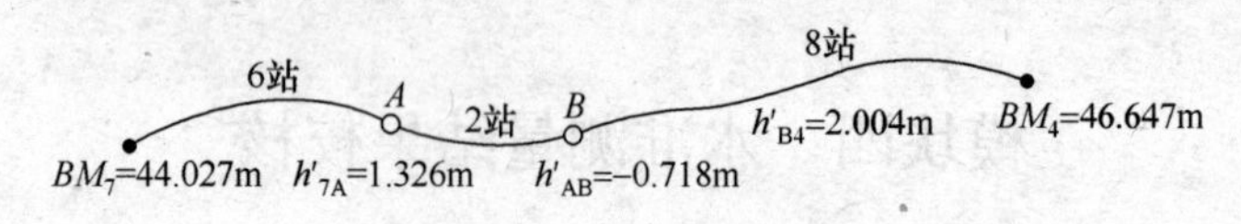

图 4—21 附合水准测量

［**解**］ (1) 计算实测闭合差。

$$
\begin{aligned}
f_{测} &= 实测高差\ h' - 已知高差\ h \\
&= (1.326 - 0.718 + 2.004) - (46.647 - 44.027) \\
&= 2.612 - 2.620 \\
&= -0.008\ \text{m}
\end{aligned}
$$

(2) 计算允许闭合差。

$$f_{允} = \pm 6\sqrt{n} = \pm 6\sqrt{16} = \pm 24\ \text{mm}$$

(3) 计算每站要加的改正数。

$$v = \frac{-闭合差}{测站数} = -\frac{(-0.008)}{16} = 0.000\,5\ \text{m}$$

(4) 计算各段高差调整值。

$$h = h' + v \times n$$

$$h_{7A} = 1.326 + 0.000\,5 \times 6 = 1.329\ \text{m}$$

$$h_{AB} = -0.718 + 0.000\,5 \times 2 = -0.717\ \text{m}$$

$$h_{B4} = 2.004 + 0.000\,5 \times 8 = 2.008\ \text{m}$$

计算校核：

$$\sum h = 1.329 - 0.717 + 2.008 = 2.620\ \text{m}$$

$$\sum h = 2.612 + 0.008 = 2.620\ \text{m}$$

(5) 推算各点高程。

$$H_A = 44.027 + 1.329 = 45.356 \text{ m}$$

$$H_B = 45.356 + (-0.717) = 44.639 \text{ m}$$

计算校核：

$$H_4 = 44.639 + 2.008 = 46.647 \text{ m}$$

与已知高程相同，计算无误。

在实际工作中为简化计算，而采用表格计算，见表4—3。

表4—3　　　　附合水准测量结果调整表

点名	测站数	高差/m			高程/m	备注
		观测值	改正数	调整值		
BM_7					44.027	已知高程
	6	+1.326	+0.003	+1.329		
A					45.356	
	2	−0.718	+0.001	−0.717		
B					44.639	
	8	+2.004	+0.004	2.008		
BM_4					46.647	已知高程
校核	16	+2.612	+0.008	+2.620		

实测高差 $\sum h = +2.612$ m

已知高差 $= H_{终} - H_{始} = 46.647 - 44.027 = 2.620$ m

实测闭合差 $f_{测} = 2.612 - 2.620 = -0.008$ m

允许闭合差 $f_{允} = \pm 6\sqrt{16} = \pm 24$ mm　精度合格

每站改正数 $v = \dfrac{-f_{测}}{n} = -(-0.008 \text{ m})/16 = 0.0005$ m

四、往返水准测量闭合差的计算与调整

[例4—5] 由 BM_7（已知高程 $H_7 = 44.027$ m）起，用往返测量法向 C 点引测高程，往返各测9站，往测高差 $h_{往} = -2.376$ m，返测高差 $h_{返} = 2.370$ m。计算实测闭合差。若精度合格，计算误差调整后的 C 点高程。

[解] （1）计算实测闭合差

$$f_{测} = h_{往} + h_{返} = -2.376 + 2.370 = 0.006 \text{ m}$$

（2）计算允许闭合差

$$f_{允} = \pm 6\sqrt{n} = \pm 6\sqrt{9} = \pm 18 \text{ mm} > f_{测}$$ 精度合格

（3）计算往返测高差平均值

$$h_{平}=\frac{h_{往}-h_{返}}{2}=\frac{-2.376-2.370}{2}=-2.373\ \mathrm{m}$$

（4）推算调整后的 C 点高程

$$H_C=H_7+h_{平}=44.027-2.373=41.654\ \mathrm{m}$$

五、测量验线工作的基本准则

（1）验线工作应主动预控。在各主要阶段施工前，均应对施工测量工作提出预防性的要求，以做到防患于未然。

（2）验线的依据应原始、正确、有效。验线所依据的设计图纸、变更洽商与定位点（如红线桩、水准点等）及数据（如坐标、高程等）要原始，最后定案要有有效并正确的资料，如果这些施工测量的基本依据有误，在测量放线中多是难以发现的，一旦使用，后果不堪设想。

（3）验线所使用的仪器与钢尺必须按计量法有关规定进行检定和验校。

（4）验线的精度应符合规范要求。验线所使用的仪器要校正完好，有检定合格证，其精度应适应验线要求；要按规程作业，观测误差必须小于限差，观测中的系统误差应采取措施进行改正；验线成果应先行附合或闭合校核。

（5）验线工作必须独立，尽量与放线工作不相关。主要包括观测人员、仪器、测法及路线等。

（6）验线部位。验线的关键环节与最弱部位主要包括定位依据及定位条件，场区平面控制网、主轴线及其控制桩（引桩），场区高程控制网及±0.000 高程线，控制网及定位放线中的最弱部位。

（7）验线方法及误差处理。

1）对于场区平面控制网与建筑物的定位，应在评差计算中评定其最弱部位的精度，并实地验测，精度不符合要求时应重测。

2）对于细部测量，可用不低于原测量放线的精度进行验测，验线结果与原放线结果之间的误差应按以下原则处理。

①两者之差小于 $1/\sqrt{2}$ 限差时，对放线工作评为优良。

②两者之差略小于或等于 $1/\sqrt{2}$ 限差时，对放线工作评为合格（可不改正放线成果，取两者的平均值即可）。

③两者之差超过 $1/\sqrt{2}$ 限差时，原则上不予验收，尤其是要害部位。若次要部位可令其局部返工。

模块五　水准测量的误差来源及消减措施

水准测量中，如果作业人员疏忽大意，容易发生错误，例如，读数读错、记录记错、迁站时转点位置移动等，但只要工作认真，这些错误是完全可以避免的。此外，由于观测仪器构造的不完善、观测者感觉器官的鉴别能力有限，以及观测时外界因素的影响，也会使测量结果中不可避免地包含误差。如何防止、减弱或消除各种误差，以满足测量精度的要求，是测量工作中应认真研究和处理的重要问题。

水准测量的误差来源主要有以下几个方面。

一、仪器误差

1. 水准仪的水准管轴不平行于视准轴

若水准仪的水准管轴不平行于视准轴，当水准管气泡居中时，视准轴将处于倾斜位置，从而使水准尺上的读数产生误差。仪器离水准尺的距离越远，引起的误差也越大。

如图 4—22 所示，在一个测站上，如果能使前、后视距相等，则由于视线倾斜，在前、后视尺上所引起的误差相等，即 $\triangle_1=\triangle_2$。这样，在计算高差时，前、后视尺的误差相互抵消，从而可消除此项误差的影响。

2. 水准尺误差

(1) 水准尺刻划误差与尺长误差。水准尺分划不准确、尺长

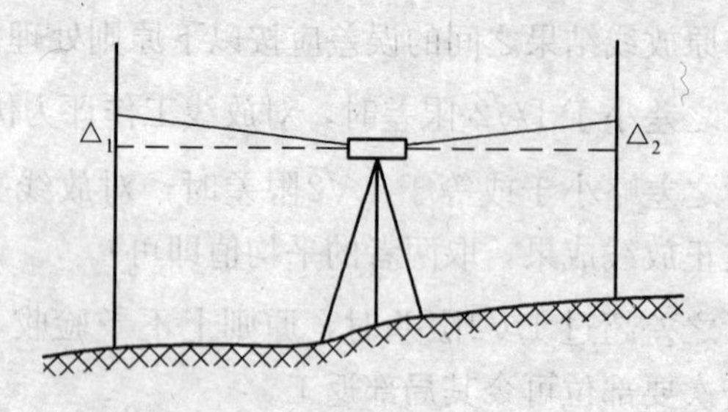

图 4—22　水准仪水准管轴不平行于视准轴的误差

变化、尺身弯曲等原因，都会影响读数的精度。所以，当水准测量精度要求较高时，应对水准尺进行检定，选用符合要求的水准尺。

（2）水准尺零点误差。水准尺因长期使用而使底部磨损或水准尺底部在测量过程中粘上泥土，这就相当于改变了水准尺的零点位置，称为水准尺零点误差。在测量过程中，如果以两支水准尺交替作为后视尺与前视尺，并使每一测段的测站数为偶数，使可消除此项误差。

二、观测误差

1. 水准管气泡居中误差

在水准尺上读数时，如果水准管气泡没有精确居中，则水准管轴将有一微小倾角，从而引起视准轴倾斜而产生误差，由于这种误差在前视和后视读数中一般不相等，因此，在计算高差时不能相互抵消。

设水准管分划值 $\tau=20''$，视线长度为 100 m，如果气泡偏离 0.5 格，则由于水准管气泡不居中而引起的读数误差为 5 mm。

为了减弱此项误差的影响，每次在水准尺上读数前都应使水准管气泡严格居中，气泡居中后，应立即在水准尺上读数。

2. 后视读数读完后，重新转动脚螺旋的误差

在后视读数读完后，读前视读数之前，不准重新转动脚螺旋，使圆水准器或水准管气泡居中。因为这样做，测出的不是同一水平面的高差。

3. 读数误差

读数误差是指在水准尺上估读毫米数的误差。此项误差与水准仪望远镜的放大倍率以及水准仪到水准尺的距离有关。放大倍率越大、仪器到水准尺的距离越短，则读数误差越小。不同等级的水准测量对仪器望远镜的放大倍率以及视线长度都有相应的规定。

读数时，要注意消除视差，认清尺子的刻划特点，不要把1.653错读成0.653或者把1.047错读成1.470等。

4. 水准尺倾斜的影响

如果读数时水准尺倾斜，将使尺上的读数增大，此项误差与尺子倾斜程度以及尺上的读数大小有关，如图4—23所示。当尺的倾斜角为3°，尺上的读数为2 m时，将产生2.7 mm的误差。因此，立尺人应认真将尺扶直，如图4—24所示，有些水准尺上安装有圆水准器，可帮助立尺人保持尺身竖直。

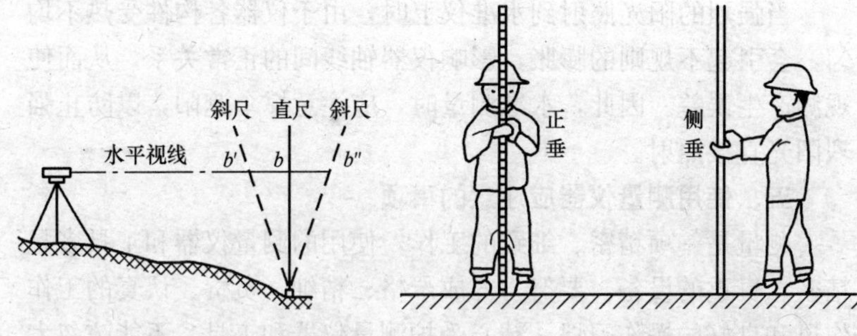

图4—23 水准尺倾斜的影响图　　图4—24 立尺人应认真将尺扶直

三、记录误差

(1) 记录员要先弄清楚记录格式，防止记错格；听到读数后，应立即回读，并记入表格中，不允许先写在草稿纸上，而后转抄。

(2) 记录字体要清楚、整齐，端正。不准涂改或用橡皮擦。如读错、记错，可将错误划去，重记一行。

(3) 记录过程中的简单计算，如加、减、取平均值应在现场随记随算，并做好校核。

四、外界因素的影响

1. 观测过程中仪器下沉和尺垫下沉的影响

为了减小仪器下沉的影响，应将测站选在坚实的地面上，并将脚架尖踩实。此外，每个测站上采用“后、前、前、后”的观测顺序，也能减弱仪器下沉的误差影响。

2. 大气折光的影响

由于地面空气层的密度不均匀，光线在不同密度的空气层通过时，将产生折射现象，称为大气折光。大气折光的影响一般较小，可忽略不计。但在晴天的阳光照射下，地面温度较高，靠近地面处的空气温度与密度的变化较大，致使靠近地面处的大气折光影响也较大。因此，不同等级的水准测量，对视线离开地面的高度都有相应的规定。

3. 阳光和温度变化的影响

当强烈的阳光照射到水准仪上时，由于仪器各构件受热不均匀，会引起不规则的膨胀，影响仪器轴线间的正常关系，从而使观测产生误差。因此，水准测量时，应注意撑伞遮阳，以防止强烈阳光直接照射。

五、使用测量仪器应注意的事项

测量是一项精密、细致的工作，使用的测量仪器和工具多是精密、贵重的设备。要努力养成严格、精细、负责、认真的工作作风和良好的操作习惯，精心爱护测量仪器和工具，不能疏忽大意。否则，将得不到精确的测量结果。要切记下面的注意事项。

(1) 使用仪器前，先了解仪器的型号、构造和性能。切忌不懂装懂，拿到贵重仪器就胡乱操作。

(2) 仪器开箱时，记清仪器各部分的装箱位置；取仪器时，用双手抱住仪器的底部基座，轻轻取出，不得抓住仪器的望远镜，猛力拉出。

(3) 测量时，仪器要架稳，防止倾倒摔坏仪器。

(4) 使用仪器时，动作要轻，只能用手指旋转各种螺旋和望远镜管，不能用手扶住仪器脚架，或两脚跨在一支脚架的腿上观测。

（5）晴天或小雨天气测量，要撑伞保护仪器，不准让仪器日晒雨淋，如图 4—25 所示。

图 4—25　撑伞保护仪器

（6）搬运仪器时，若迁移的距离较远，应将仪器从脚架上取下，装箱后搬移。若地面平坦，距离较近时，可用左手握住仪器下部的基座，右手抱住脚架，并将仪器放在胸前搬移。

（7）冬天在室外测量完毕，应先将仪器装箱后再移入室内，等箱内仪器慢慢升温到与室温相同时，再开箱取仪器。否则，仪器表面及镜片上会因骤冷骤热而结露，使仪器受损。

（8）在室外测量，不准用仪器箱当坐凳。仪器安置后必须设专人看护，以免被过路行人乱动或被碰倒摔坏。在夜间或黑暗处作业时，应具备必要的照明、安全设备。仪器若安置在光滑的地面上，一定要有防滑措施，防止仪器滑倒。

（9）测量完毕，要检查仪器各部件是否齐全，以防丢失。仪器装箱前，应用箱中毛刷将仪器上灰尘拭去，仪器上有水点，要用绒布拭干。镜头应用拭镜头纸揩擦，不准用手指或用粗糙的纸片、布片接触镜片。仪器入箱时，要按原装箱位置，将各部件复位，轻轻拧紧各固定螺旋，再合上箱盖。如发现箱盖不能密合，可能是仪器未正确复位，要查明原因，调整位置。不准硬压箱盖，猛力合上。

总之，施工现场周围的环境千变万化，测量工作人员在现场放线时要严格遵守安全规章，时时处处谨慎作业，既要做到测量结果好，更要做到人身、仪器双安全。

思考题

1. 普通水准仪由哪几部分组成？各部分的作用是什么？

2. 引测高程时，在一个测站上的基本工作是什么？

3. 什么叫视差？如何消除视差？

4. 在水准测量中，为什么要求前、后视距要大致相等？

5. 采用高差计算方法测得以下数值，根据下表算出各点的高程，并绘图。

m

测点	后视读数	前视读数	高差		高程
			+	−	
BM_A	1.765				34.804
C	1.383	1.566			
D	1.316	1.201			
E	1.528	1.887			
B		1.494			
$\sum$					
$\sum a-\sum b$					

6. 为什么说根据 $h_{AB}=\sum a-\sum b$ 公式，进行记录计算校核时，仅能判断计算过程中的错误，而不能反映测量结果的正确与否？

7. 根据图 4—26 观测结果，求出 A、B、C 点的高程。

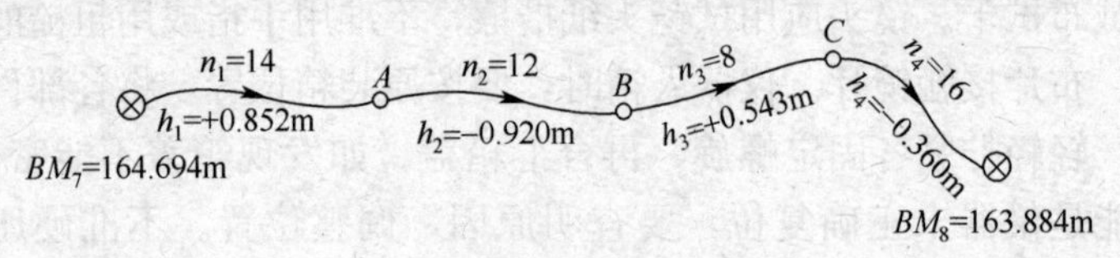

图 4—26

8. 水准测量有哪几种路线？根据图 4—27 进行平差计算。

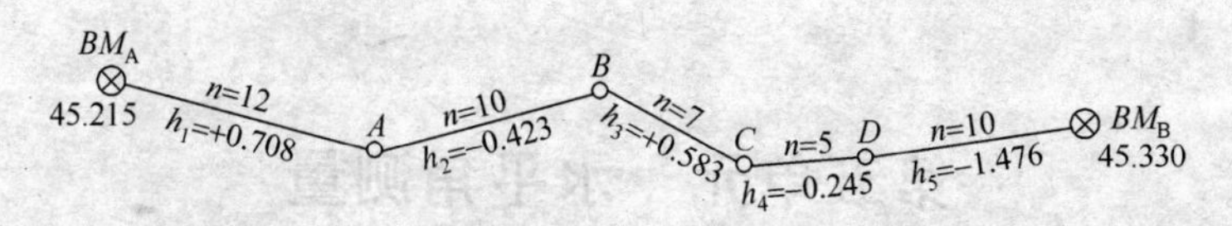

图 4—27

9. 用脚螺旋整平圆水准器，使气泡居中。

10. 用微倾螺旋精平水准管，使气泡居中。

11. 练习消除视差的操作要点。

12. 掌握测量记录要求。

13. 掌握测量仪器使用的注意事项。

第五单元　水平角测量

培训目标：

1. 了解光学经纬仪的基本构造。
2. 了解经纬仪测量的原理和操作程序。
3. 掌握水平角的读写及读数加减计算。
4. 熟练掌握经纬仪的安置。
5. 熟练进行水平角的观测。

模块一　光学经纬仪及其使用

角度测量是测量的一项基本工作。经纬仪是测量角度的主要工具，它既能测量水平角，又能测量竖直角。在建筑工程测量中，常用的有 DJ6 型光学经纬仪（见图 5—1）和 DJ2 型光学经纬仪（见图 5—2）。

一、光学经纬仪的基本构造

各种型号的光学经纬仪，基本构造大致相同，主要由基座、水平度盘、照准部三大部分组成，如图 5—3 所示。

1. 照准部

基座上面能够转动的部分称为照准部。它主要包括望远镜、读数设备、竖直度盘、水准管和竖轴等。

经纬仪的望远镜，其构造与水准仪的望远镜相同，它可绕着设在左右支架上的横轴在 360°范围内旋转，用以精确照准目标。测角时，望远镜绕横轴旋转，视准轴扫出一竖直面。为控制望远镜上下转动，在支架的一侧设有一套望远镜制动螺旋和微动螺旋。照准部在水平方向上的转动，是由照准部制动螺旋和微动螺

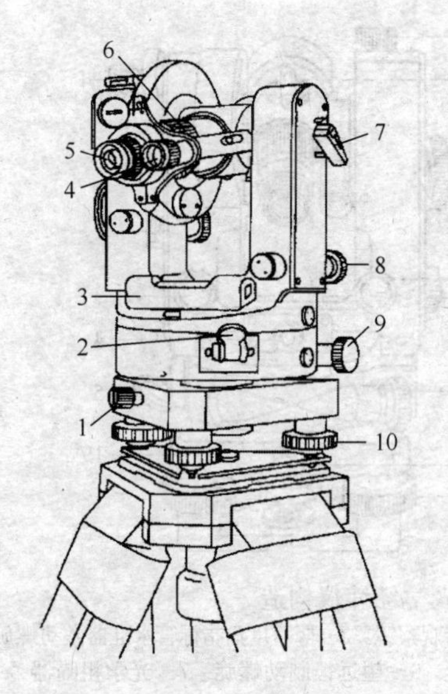

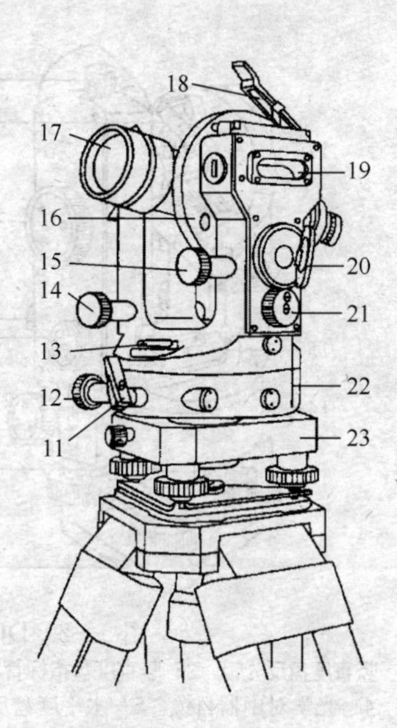

图 5—1 DJ6 光学经纬仪构造

1—轴座固定螺旋 2—复测扳钮 3—照准部管水准器 4—读数显微镜 5—目镜 6—对光螺旋 7—望远镜制动扳钮 8—望远镜微动螺旋 9—水平微动螺旋 10—脚螺旋 11—水平制动扳钮 12—水平微动螺旋 13—圆水准器 14—望远镜微动螺旋 15—竖直度盘管水准器微动螺旋 16—竖直度盘 17—物镜 18、20—反光镜 19—竖直度盘管水准器 21—测微轮 22—水平度盘 23—基座

旋控制的。

竖直度盘（竖盘）固定在水平轴的一端，与水平轴垂直，且随望远镜一起旋转，并设有竖盘指标水准管及其微动螺旋。

读数设备由一套复杂的光学系统组成，通过一系列的棱镜和透镜，将水平度盘与竖盘以及测微器的分划影像，反映在望远镜旁边的读数显微窗内。

照准部上装有水准管，用以将经纬仪的竖轴整置、竖直以及将水平度盘整置水平。

照准部的旋转轴即竖轴，插入筒状的轴座内，使整个照准部可绕竖轴平稳地转动。

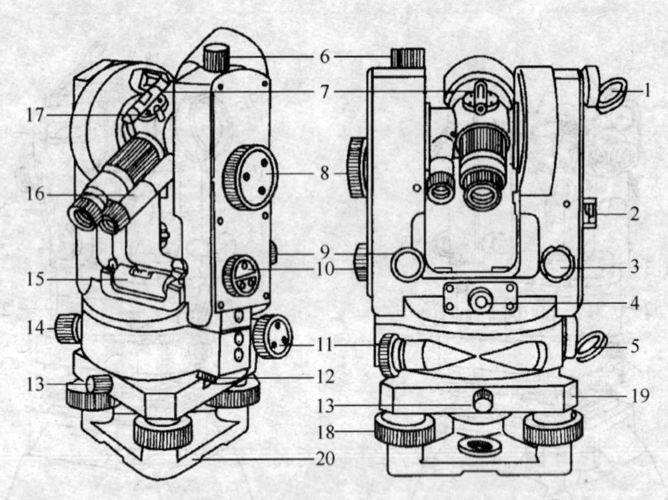

图 5—2　DJ2 型光学经纬仪构造

1—竖直度盘反光镜　2—竖直度盘指标管水准器观察镜　3—竖直度盘指标管水准器微动螺旋　4—光学对中器目镜　5—水平度盘反光镜　6—望远镜制动螺旋　7—光学粗瞄器　8—测微手轮　9—望远镜微动螺旋　10—换像手轮　11—水平微动螺旋　12—水平度盘变换手轮　13—轴座锁紧螺旋　14—水平制动螺旋　15—照准部管水准器　16—读数显微镜　17—望远镜反光扳手轮　18—脚螺旋　19—轴座　20—连接板

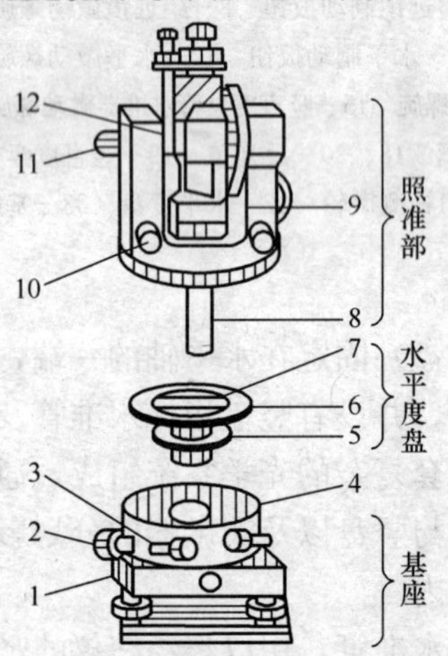

图 5—3　经纬仪结构简图

1—基座部分　2—水平微动螺旋　3—水平制动螺旋　4—竖轴轴套　5—金属圆盘　6—水平度盘（玻璃度盘）　7—度盘轴套　8—竖轴　9—支架　10—望远镜微动螺旋　11—望远镜制动螺旋　12—横轴

2. 水平度盘

水平度盘由玻璃圆环制成，套在筒状轴套外面。其度盘刻划由 0°～360°按顺时针方向标注。它的刻划中心与竖轴的旋转中心一致。

DJ6 型经纬仪有 DJ6—1 型和 DJ6—2 型两种型号，DJ6—1 型的度盘和照准部的离合关系是由照准部上的复测扳钮来控制的。当复测扳钮松开时（扳手朝上），照准部水平转动而水平度盘固定不动，读数变化；当复测扳钮合上时（扳手朝下），照准部旋转，度盘也一起转动，读数不变。DJ6—2 型经纬仪则采用变换手轮，将手轮推下去并转动，可使度盘按需要变换读数。

3. 基座

基座是支承仪器的底座。主要由轴座、脚螺旋和连接板组成。转动脚螺旋使照准部上的水准器中的气泡居中，从而使竖轴铅垂、水平度盘水平。用连接螺旋可将仪器和三脚架固连在一起，并在连接螺旋下端悬挂锤球，用来指示水平度盘的中心位置。因此，借助锤球可将水平度盘中心位置安置在过所测角顶点的铅垂线上。有些经纬仪上，还设有光学对点器，以防止风力对对中的影响。

二、DJ6 型光学经纬仪的读数方法

度盘上的分划线，通过一系列棱镜和透镜的作用，成像在读数显微镜内，小于度盘分划值的读数是用测微器读出的，该数值同时反映在读数显微镜内。测微器有测微轮式与测微尺式两种。

1. 测微轮式

DJ6—1 型经纬仪读数系统采用的是测微轮式测微装置，如图 5—4a 所示，是从读数窗内看到的影像。下面为水平度盘读数窗，中间为竖直度盘读数窗，上面为两个度盘合用的测微尺读数窗。水平度盘与竖直度盘的分划值为 30′，测微尺共分为 30 个大格，每一大格又分为三个小格。因此，测微尺上每一大格为 1′，每一小格为 20″。

当读数时，先要转动测微轮，使度盘分划线精确地移动到双指标线间的中间。然后，读出该分划线的读数，再利用测微尺上的单指标线读出分数和秒数，两者相加即得度盘读数，如图5—4a所示，水平度盘读数为 199°43′30″。

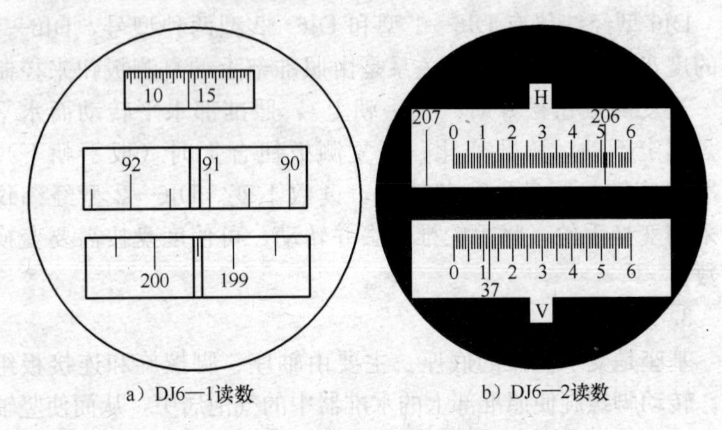

a）DJ6—1读数　　b）DJ6—2读数

图 5—4　DJ6 经纬仪读数

2. 测微尺式

DJ6—2 型的读数是用测微尺读取的，如图 5—4b 所示，在读数窗中，同时显示水平度盘和竖直度盘的影像，并用“H”（或“水平”）、“V”（或“竖直”）注明。每个读数窗上刻有分成60 小格的测微尺，其长度等于度盘间隔 1°的两分划线之间的影像宽度。因此，测微尺上一小格的分划值为 1′，可估读到 0.1′。

当读数时，以测微尺的零分划线为读取度盘读数的指标线。如图 5—4b 所示，水平度盘读数为 206°51′30″。

三、DJ2 型光学经纬仪的读数方法

DJ2 型经纬仪一般采用符合读数装置，如图 5—5a 所示，为其读数窗中所看到的影像。大读数窗为度盘读数窗，小读数窗为测微尺读数窗。

这种读数装置，通过一系列光学部件的作用，将度盘直径两端分划线的影像，同时反映到读数窗中。读数时，转动测微轮使

度盘上下分划线的刻划严格对齐，上分划标注的度数与下分划线相差 180°之间的格数为整 10′的数目，再在测微轮上读取分数和秒数。如图 5—5a 所示的读数为：

度盘的读数：62°

度盘的整 10′数：2×10′=20′

测微尺的分、秒数：7′51″

全部读数：62°27′51″

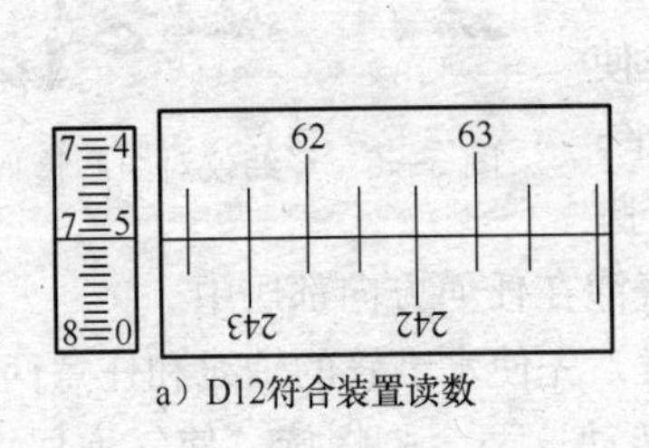

a）D12符合装置读数

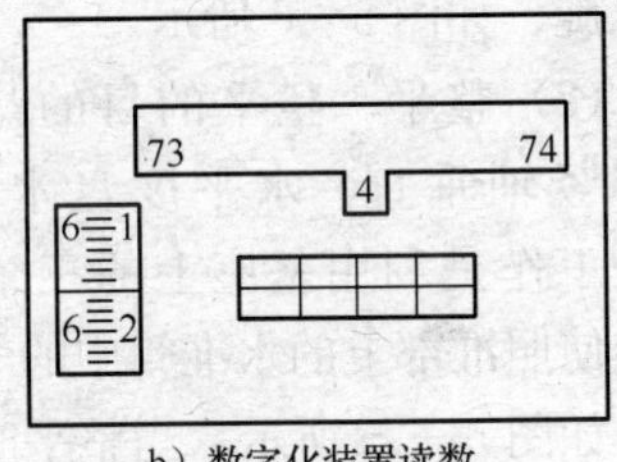

b）数字化装置读数

图 5—5　DJ2 经纬仪读数

还有的 DJ2 型光学经纬仪采用数字化读数装置，如图 5—5b 所示。读数时，也要用测微轮使度盘的上下分划严格对齐，度数直读。在度数之下有一小窗口，内有 0～5 的整数字，是几就是几个 10′，再在测微轮上读取分与秒。如图 5—5b 所示读数应为 73°46′16″。

四、光学经纬仪的使用

经纬仪的使用包括经纬仪的安置、照准及读数三项基本操作。

1. 经纬仪的安置

经纬仪的安置包括对中和整平。

（1）对中。对中的目的是把经纬仪水平度盘中心安置在过所测角顶点的铅垂线上。其操作步骤如下：

1）张开三脚架，使架头中心粗略对准测站点的标志中心；调节脚架腿，使其高度适宜，并通过目估使架头水平。

2）装上仪器，旋紧中心螺旋，挂上锤球，如果锤球尖离标志中心较远，则需将三脚架做等距离平移，或者固定一脚移动两脚，使锤球尖大致对准地面标志，然后，将脚架尖踩入土中。

3）略微旋松中心螺旋，在架头上移动仪器，使锤球尖精确地对准标志中心，最后，再旋紧中心螺旋，如图 5—6 所示。

图 5—6　经纬仪对中调整

（2）整平。整平的目的是使仪器竖轴垂直、水平度盘水平。整平工作是利用基座上的三个脚螺旋使照准部上的水准管中的气泡在任何方向都居中。

如图 5—7a 所示，当整平时，先使水准管的轴线和任意两个脚螺旋的连线平行，两手相对转动这两个脚螺旋，使气泡居中。气泡移动方向与左手大拇指运动方向一致。然后，转动照准部约 90°，旋转第三个脚螺旋，使气泡居中，如图 5—7b 所示，如此反复进行，直到无论照准部旋转到任何位置，气泡偏离中央不超过半格为止。

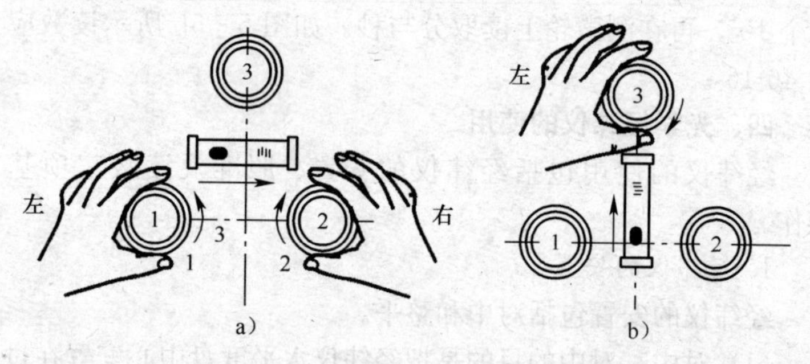

图 5—7　经纬仪整平

2. 照准

照准就是使望远镜十字丝的交点精确照准目标。照准前，先松开望远镜制动螺旋与照准部制动螺旋，将望远镜朝向天上或明亮的背景，进行目镜对光，使十字丝清晰；然后，利用望远镜上的照门和准星粗略照准目标，使在望远镜内能够看到物像，再拧紧照准部及望远镜的制动螺旋；如图 5—8a 所示，转动物镜对光螺旋使目标清晰，并消除视差；转动照准部和望远镜微动螺旋，精确对准目标。当测水平角时，要使十字丝精确地照准目标，并尽量照准目标的底部，如图 5—8b 所示。

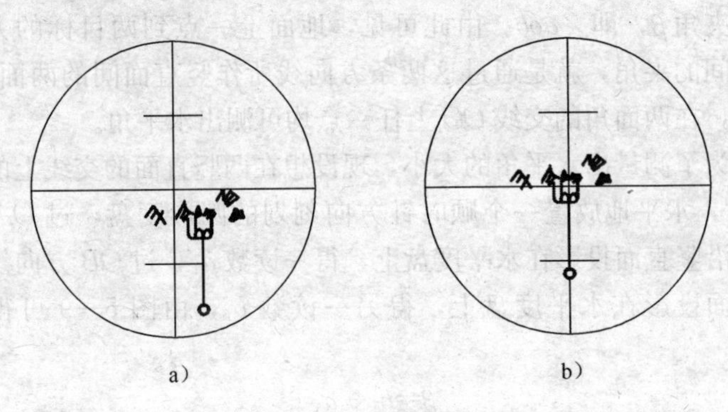

图 5—8　经纬仪照准

3. 读数

调节反光镜及读数显微镜，使度盘与测微尺影像清晰、亮度适中，再根据仪器的读数设备按前述的读数方法读数。

模块二　水平角测量原理及方法

角度测量是测量的三项基本工作之一，它包括水平角测量和竖直角测量。水平角用于测定地面点的平面位置，竖直角用于间接测定地面点的高程。经纬仪是测量角度的主要仪器，它既能测量水平角，又能测量竖直角。在建筑工程测量中，常用的有 DJ6 和 DJ2 型光学经纬仪。本模块着重介绍水平角的测量原理、DJ6 型光学经纬仪的构造和使用以及水平角的观测。

由于篇幅所限，并且考虑到测量放线工的基本技能要求，本教材只讲解水平角测量。

一、水平角的测量原理

水平角是指一点到两目标的方向线垂直投影在水平面上的夹角，用β表示。如图 5—9 所示，A、O、B 是三个位于地面上不同高程的点，OA 和 OB 两个方向线所夹的水平角，就是通过 OA 和 OB 沿两个竖直面投影在水平面 P 上的 oa 和 ob 两条水平线的夹角β，即$\angle aob$。由此可见，地面上一点到两目标的方向线之间的夹角，就是通过这两条方向线所作竖直面间的两面角。因此，在两面角的交线 OO_1上任一点均可测出水平角。

为了测量出水平角的大小，现设想在两竖直面的交线上的一点 O_1，水平地放置一个顺时针方向刻划的圆形度盘，过 OA 方向线沿竖直面投影在水平度盘上，得一读数 a_1，过 OB 方向线沿竖直面投影在水平度盘上，得另一读数 b_1，由图 5—9 可得水平角：

$$\beta=b_1-a_1$$

这就是水平角的测量原理。

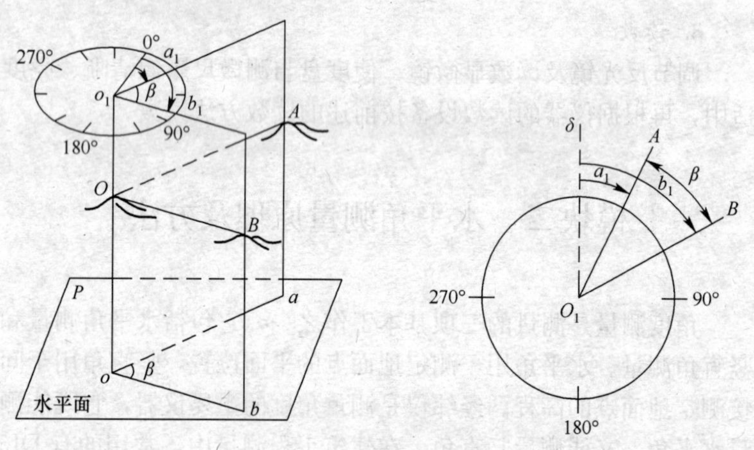

图 5—9　水平角测量原理图示

根据上述原理可知，用于测量水平角的仪器，必须具备一个水平度盘及一个用于照准目标的望远镜。当测量水平角时，要求水平度盘放置水平，而且水平度盘中心要位于过水平角顶点的铅垂线上，望远镜不仅能在水平方向左右转动，而且能在竖直方向上下转动，构成一个竖直面。经纬仪就是根据上述基本要求设计制造的。

二、水平角观测方法

水平角的观测方法，一般根据照准目标的多少而定，常用的有测回法和方向观测法。

1. 测回法

测回法只适用于观测两个照准目标的单角。

如图 5—10 所示，观测 OA、OB 两方向之间的水平角，首先应将经纬仪安置在测站 O 上，并在 A、B 两点上分别设置照准标志（竖立花杆或测钎），其观测方法和步骤如下：

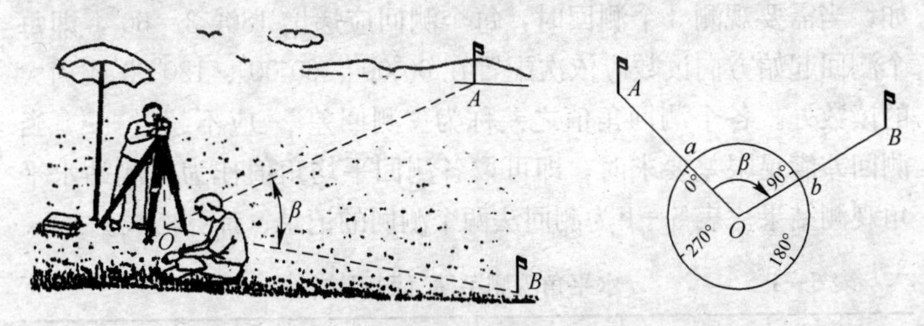

图 5—10　测回法观测示意图

（1）使仪器竖盘位于望远镜左边（称盘左或正镜），照准目标 A，按置数方法配置起始读数，读取水平度盘读数为 $a_{左}$，记入观测手簿。

（2）松开水平制动螺旋，顺时针方向转动照准部的照准目标 B，读取水平度盘读数为 $b_{左}$，记入观测手簿。

以上（1）、（2）两步骤称为上半测回（或盘左半测回），测得角值为：

$$\beta_{左}=(b_{左}-a_{左})$$

（3）纵转望远镜，使竖盘处于望远镜右边（称盘右或倒镜），照准目标 B，读取水平度盘读数为 $b_{右}$，记入手簿。

（4）逆时针转动照准部，照准目标 A，读取水平度盘读数为 $a_{右}$，记入手簿。以上（3）、（4）两步骤称为下半测回（或盘右半测回），测得角值为：

$$\beta_{右}=(b_{右}-a_{右})$$

上、下两个半测回合称为一个测回，当两个半测回角值之差不超过限差（DJ6 经纬仪一般取 36″）要求时，取其平均值作为一测回观测结果，即

$$\beta=\frac{1}{2}(\beta_{左}+\beta_{右})$$

为了提高观测精度，常需观测多个测回。为了减弱度盘分划误差的影响，各测回应均匀分配在度盘的不同位置进行观测。若要观测 n 个测回，则每个测回的起始方向读数应递增 180°/n。例如，当需要观测 3 个测回时，每个测回应递增 180°/3＝60°，即每个测回起始方向读数应依次配置在 00°00′、60°00′、120°00′或稍大的读数处。各个测回角值之差称为“测回差”，应不超过 36″。当测回差满足限差要求时，即可取各测回平均角值作为本测站水平角观测结果。表 5—1 为测回法两个测回的记录、计算格式。

表 5—1　　　　　　水平角观测手簿（测回法）

测站	测回	竖盘位置	目标	水平度盘读数（° ′ ″）	半测回角值（° ′ ″）	一测回角值（° ′ ″）	各测回平均角值（° ′ ″）	备注
O	1	左	A	0 02 18	79 22 24	79 22 18	79 22 22	
			B	79 24 42				
		右	A	180 02 24	79 22 12			
			B	259 24 36				
O	2	左	A	90 02 24	79 22 36	79 22 27		
			B	169 25 00				
		右	A	270 02 30	79 22 18			
			B	349 24 48				

注：表中两个半测回角值之差及各测回角值之差均不超过限差。

2. 方向观测法

当一个测站上有三个或三个以上的方向，需要观测多个角度时，通常采用方向观测法。当使用方向观测法观测时，首先选定起始方向（又称零方向），然后，依次观测出其余各个方向相对于起始方向的方向值，则任意两个方向的方向值之差即为该两方向线之间的水平角。若方向数超过三个，则需在每个半测回末尾再观测一次零方向（称归零），且两次观测零方向的读数应相等或差值不超过规定要求，其差值称归零差。由于重新照准零方向时，照准部已旋转了360°，故此法又称为全圆方向法或全圆测回法。

（1）观测程序。

1）如图5—11所示，在测站O上安置经纬仪，选一成像清晰、远近适中的目标A作为零方向，盘左照准A点标志，按置数方法使水平度盘读数略大于零，读数并记入表5—2第四栏中。

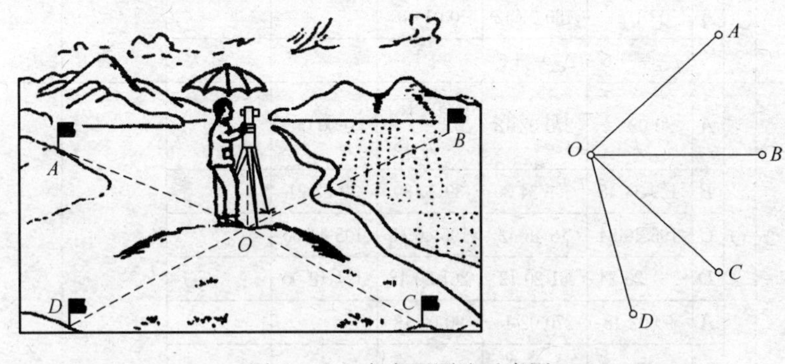

图5—11　方向观测法示意图

2）顺时针转动照准部，依次照准B、C、D和A，读取水平度盘读数并记入手簿第四栏（从上往下记），称为上半测回。

3）纵转望远镜，盘右逆时针方向依次照准A、D、C、B和A，读取水平度盘读数并记入手簿第五栏（从下往上记），称为下半测回。

以上操作过程称为一测回，表5—2为全圆方向观测法两个测回的记录、计算格式。

表 5—2　　　　水平角观测手簿（方向观测法）

仪器：J6 99687　　测　站：O　　等级：5″　　日　期：2012 年 10 月 16 日

天气：晴　　观测者：赵林　　$Y=B$　　开始时间：8 时 23 分

成像：清晰　　记录者：周舟　　觇标类型：测钎　结束时间：10 时 48 分

测回	测站	目标	水平度盘读数		平均读数 (°′″)	一测回归零方向值 (°′″)	各测回归零方向值 (°′″)	水平角 (°′″)	备注
			盘左 (°′″)	盘右 (°′″)					
1	2	3	4	5	6	7	8	9	
1	O	A	0 01 18	180 01 06	(0 01 15) 0 01 12	0 00 00	0 00 00		
		B	39 33 36	219 33 24	39 33 30	39 32 15	39 32 18	39 32 18	
		C	105 45 48	285 45 36	105 45 42	10 44 27	105 44 28	66 12 10	
		D	171 19 30	351 19 24	171 19 27	171 18 12	171 18 06	65 33 38	
		A	0 01 24	180 01 12	0 01 18				
			$\Delta_{左}=+6''$	$\Delta_{右}=+6''$					
2	O	A	90 02 24	270 02 18	(9002 18) 90 02 18	0 00 00			
		B	129 34 48	309 34 30	39 34 39	39 32 21			
		C	195 46 54	15 46 42	195 46 48	105 44 30			
		D	261 20 24	81 20 12	261 20 18	171 18 00			
		A	90 02 18	270 02 18	90 02 18				
			$\Delta_{左}=-6''$	$\Delta_{右}=0''$					

（2）外业手簿计算。

1）半测回归零差的计算。每个半测回零方向有两个读数，它们的差值称归零差。如表 5—2 中第一测回上、下半测回的归零差分别为 $\Delta=24''-18''=+06''$，$\Delta=12''-06''=+06''$，对照表 5—3 中限差可知不超限。

2）平均读数的计算。平均读数为盘左读数与盘右读数

±180°之和的平均值。表5—2第六栏中零方向有两个平均值，取这两个平均值的中数记在第六栏上方，并加上括号。

3）归零方向值的计算。表5—2第七栏中各值的计算，是用第六栏中各方向值减去零方向括号内的值。例如，第一测回方向C的归零方向值为105°45′42″－0°01′15″＝105°44′27″。当一测站按规定测回数测完后，应比较同一方向各测回归零后的方向值，检查其较差是否超限，如表5—2中D方向两个测回较差为12″。如不超限，则取各测回同一方向值的中数，记入表5—2中第八栏。第八栏相邻两方向值之差即为该两方向线之间的水平角，记入表5—2中第九栏。

一个测回观测完成后，应及时进行计算，并对照检查各项限差，如有超限，应进行重测。水平角观测各项限差的要求见表5—3。

表5—3　　水平角观测各项限差

项目	DJ2型	DJ6型
半测回归零差	12″	24″
各测回同一归零方向值较差	12″	24″

三、水平角观测误差的来源及消减措施

水平角观测误差的来源大致可归纳为三种类型：仪器误差、观测误差和外界条件的影响。

1. 仪器误差

仪器误差可分为两个方面：一方面是由于仪器制造加工不完善而引起的误差，主要有度盘刻划不均匀误差、照准部偏心差（照准部旋转中心与度盘刻划中心不一致）和水平度盘偏心差（度盘旋转中心与度盘刻划中心不一致），这一类误差一般都很小，并且大多数都可以在观测过程中采取相应的措施消除或减弱它们的影响。例如，通过观测多个测回，并在测回间变换度盘位置，使读数均匀地分布在度盘各个位置，以减小度盘刻划误差的影响；水平度盘和照准部偏心差的影响可通过盘左、盘右观测取

平均值消除。另一方面，仪器检验校正后的残余误差。主要是指仪器的三轴误差，即视准轴误差、横轴误差和竖轴误差。其中，视准轴误差和横轴误差，均可通过盘左、盘右观测取平均值消除，而竖轴误差不能用正、倒镜观测消除。因此，在观测前，除应认真检验、校正照准部水准管外，还应仔细地进行整平。

2. 观测误差

（1）仪器对中误差。水平角观测时，由于仪器对中不精确，致使仪器中心没有对准测站点 O 而偏于 O' 点，OO' 之间的距离 e 称为测站点的偏心距，如图 5—12 所示。

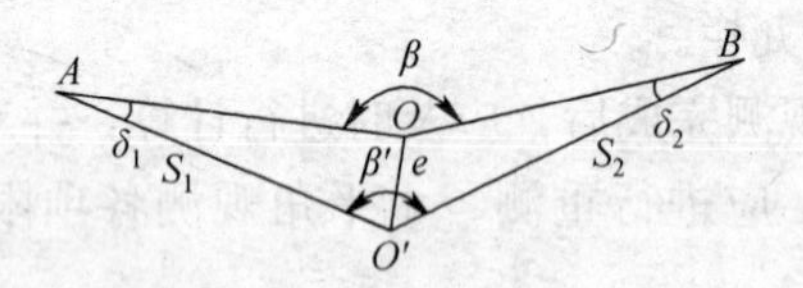

图 5—12　对中误差对水平角的影响

仪器在 O 点观测的水平角应为 β，而在 O' 处测得角值为 β'，而 β 和 $'\beta$ 两个角并不相等，如图 5—13 所示，水平角误差大小与测站点的偏心距有关，造成仪器对中误差。

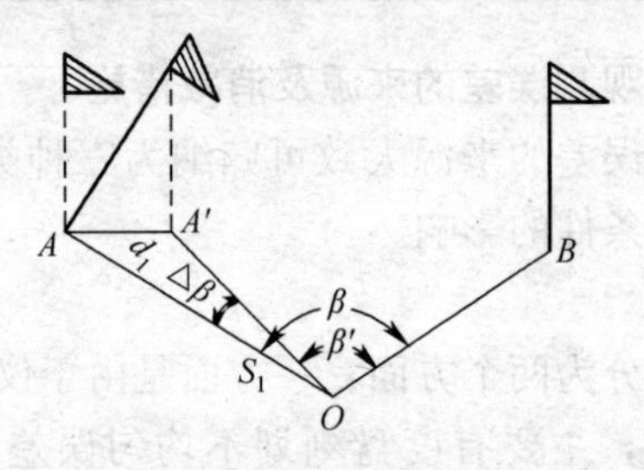

图 5—13　目标偏心误差对水平角的影响

（2）目标偏心误差。因照准标志没有竖直，致使照准部位和地面测站点不在同一铅垂线上，将产生照准点上的目标偏心误差，如图 5—13 所示。因此，进行水平角观测时，应将观测标志竖直，并尽量照准目标底部；当边长较短时，更应特别注意精确照准。

(3) 整平误差。照准部水准管气泡不居中，将导致竖轴倾斜而引起角度误差，该项误差不能通过正、倒镜观测消除。竖轴倾斜对水平角的影响和测站点到目标点的高差成正比。因此，在观测过程中，尤其是在山区作业时，应特别注意整平。

(4) 照准误差。照准误差与人眼的分辨能力和望远镜放大率有关。在观测过程中，若观测员操作不正确或视差没有消除，都会产生较大的照准误差。因此，观测时，应仔细地做好调焦和照准工作。

(5) 读数误差。读数误差与读数设备、照明情况和观测员的经验有关。其中，主要取决于读数设备。DJ6 型经纬仪一般只能估读到±6″，如果照明条件不好、操作不熟练或读数不仔细，读数误差可能超过±6″。

3. 外界条件影响

角度观测是在自然界中进行的，自然界中各种因素都会对观测的精度产生影响。例如，地面不坚实或刮风会使仪器不稳定；大气能见度的好坏和光线的强弱会影响照准和读数；温度变化会使仪器各轴线几何关系发生变化等。要完全消除这些影响是不可能的，只能采取一些措施，如选择成像清晰、稳定的天气条件和时间段观测，观测中给仪器遮伞避免阳光对仪器直接照射等，以减弱外界不利因素的影响。

思考题

1. 什么是水平角?

2. 经纬仪的复测扳钮有何作用?

3. 观测水平角为什么要分盘左、盘右进行观测?

4. 观测水平角时，为什么要对中、整平? 应怎样操作?

5. 观测水平角时，如果测两个测回以上，为什么各测回要变换度盘位置? 测回数为 4 时，各测回的起始读数应是多少?

6. 观测水平角时，要使某一起始方向的水平度盘读数为

0°00′00″，应如何操作？

7. 在地面上任取不共线的三点组成一三角形，试用测回法观测三角形三个内角的水平角角值。

8. 整理表 5—4 测回法观测水平角记录。

表 5—4　　　　　测回法观测水平角记录

测站	竖盘位置	目标	水平盘读数	半回角值	一测回角值
			° ′ ″	° ′ ″	° ′ ″
O	左	A	52 36 15		
		B	200 20 55		
	右	A	232 36 25		
		B	20 21 00		

9. 欲测设$\angle AOB=135°00'00''$，已知站点 O 的位置和 OA 的方向，B 点到 O 点的距离为 30 m，试确定 B 点的位置。

10. 在某测站 O 上，盘右瞄准左目标 A 的水平度盘读数为 180°00′25″，瞄准右目标 B 的水平度盘读数为 232°56′05″，则盘右的水平角观测值为多少？

第六单元　建筑施工测量的基本知识

培训目标：

1. 掌握距离丈量的常用工具及其使用方法。
2. 掌握如何测设已知长度的水平距离。
3. 掌握如何测设已知数据的水平角。
4. 掌握高程测设。
5. 掌握直线测设。
6. 掌握坡度线测设。

模块一　距离丈量

一、常用工具

1. 钢尺

距离丈量的主要工具是钢尺，如图 6—1 所示。常用的钢尺有 30 m 和 50 m 两种，一般为刻线尺，在尺上有一细线刻着零点，如图 6—2a 所示。也有的钢尺，尺的起点是从尺环端开始，称为端点尺，如图 6—2b 所示。其基本分划为 cm，在起始的 10 cm内刻有毫米分划。钢尺的精度较高，主要用于精度要求较高的量距工作，如控制测量和施工测量。

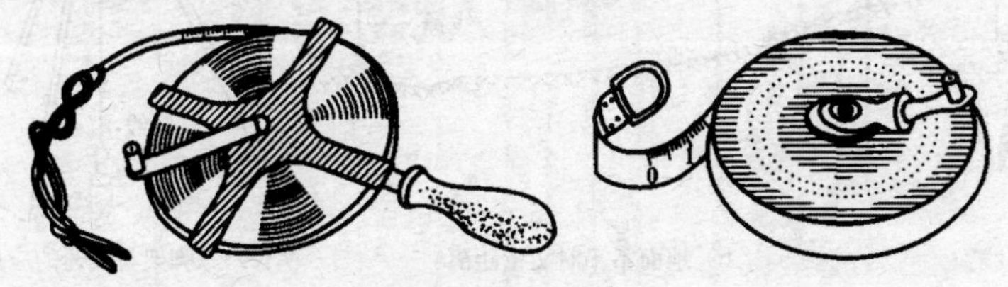

图 6—1　钢尺

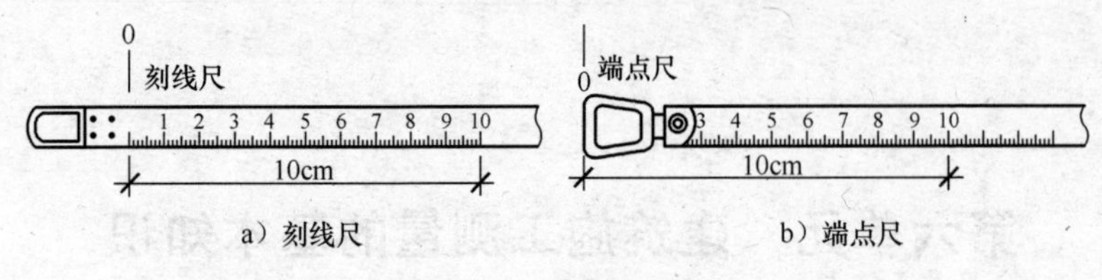

a）刻线尺　　b）端点尺

图 6—2　钢尺读数

2. 花杆（标杆）、测钎（测针）

钢尺量距的辅助工具有花杆（标杆）、测钎（测针），如图 6—3 所示。

花杆在量距工作中主要用来标定点位。

测钎用来标定所量尺段的起点和终点位置，每量一尺段，就要在尺段的端点插一测钎，用以标示点的位置，便于统计所量的尺段数。因此，测钎也是用来计算已丈量尺段数的标记。

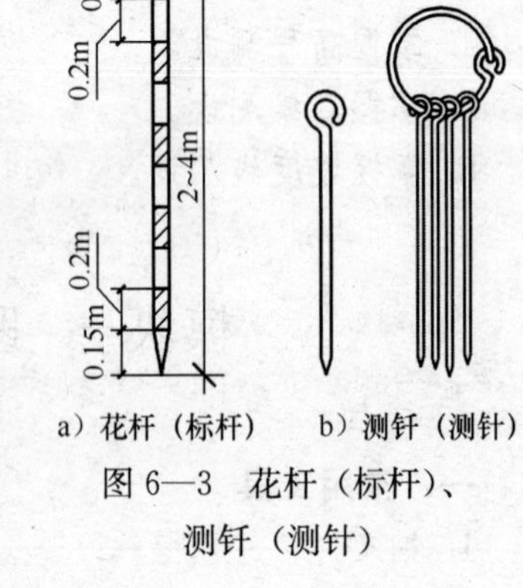

a）花杆（标杆）　b）测钎（测针）

图 6—3　花杆（标杆）、测钎（测针）

3. 线锤

当地面起伏较大时丈量水平距离，一般用线锤来投点或垂直吊中，如图 6—4 所示。

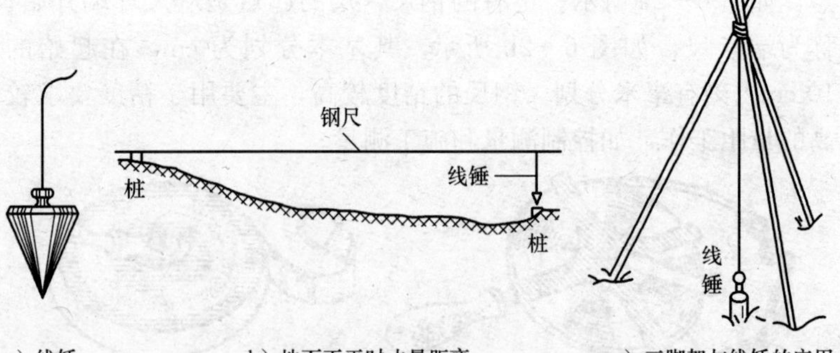

a）线锤　b）地面不平时丈量距离　c）三脚架与线锤的应用

图 6—4　线锤的应用

4. 钢卷尺

钢卷尺分1 m、2 m、4 m等几种，尺上刻度一般到mm，可自动收缩，如图6—5所示。由于尺短、使用灵活，放线人员可随身携带，以便用来丈量较短的距离，如丈量地面标高控制线到地坪的标高，门窗口的高、宽度，墙的厚度，墙垛的长和宽，求短距离的中点等。

图6—5　小钢卷尺

5. 小线板

小线板如图6—6所示，为了收、放、保存方便，通常用木制绕线架绕线。定出两点之后，即可拉出一条直线，一般采用尼龙线。在工地放线或收线时，一手转动木架，一手扶线，将线绕在木架上，如图6—6a所示。也有把尼龙线绕在一根小木棒上的，如图6—6b所示，用时放，收时绕。

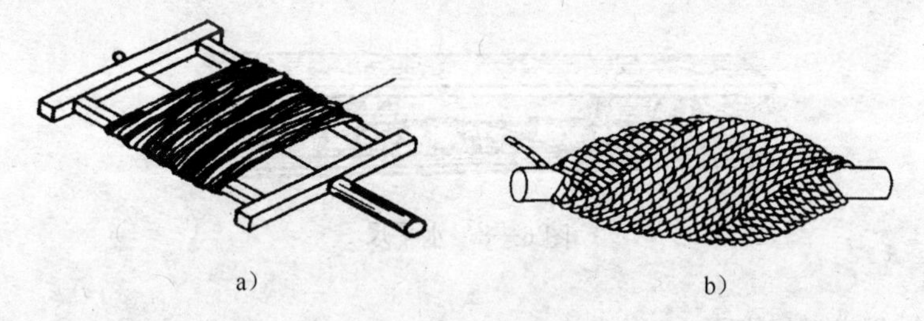

a)　　b)

图6—6　小线板

6. 墨斗和竹笔

墨斗弹线适用于在平整面上进行弹线，如整板基础、墙面上弹线等。如图6—7所示，墨斗内放有棉花状海绵，内装墨汁，墨汁不宜多，以防弹出的线粗细不均、边线粗糙等，影响施工质量。

7. 水平尺

水平尺有用木料制成的和用金属制成的两种，如图6—8所示。在尺的水平方向上安有长水准器，竖直方向上安有短水准器，长度约为40 cm。水平尺一般用于墙体砌筑、门窗安装等的

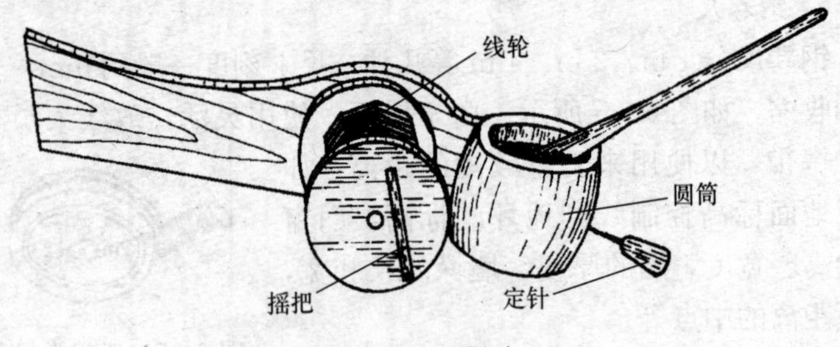

图 6—7 墨斗

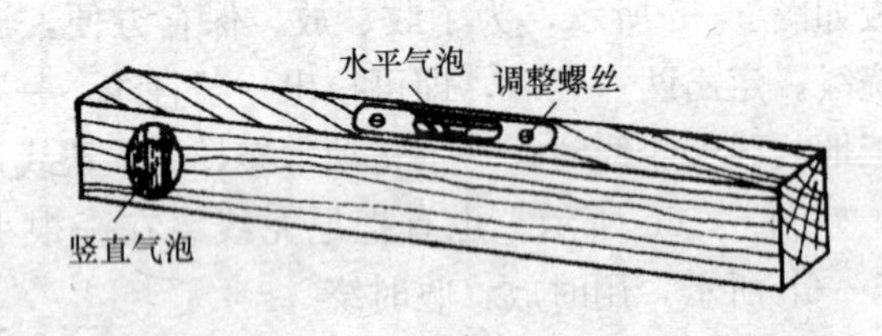

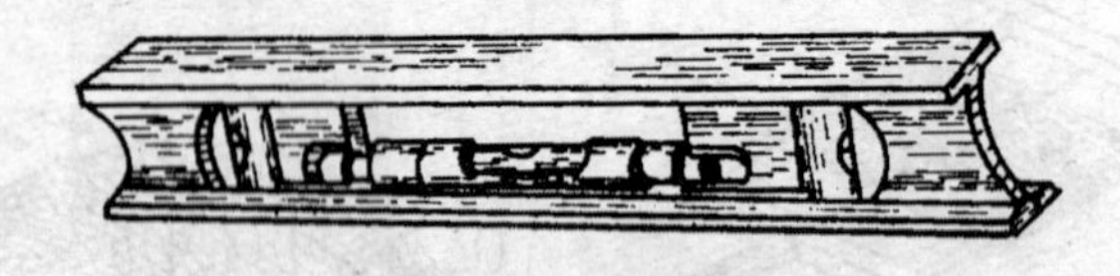
图 6—8 水平尺

水平控制和检查。

8. 其他

量距记录手簿（统一规格）、铅笔、铁钉、手锤、托板等。

二、直线定线

通常地面上两点间的距离都大于一个整尺段，不能用钢尺一次丈量完。因此，为了量得两点间的直线距离，需要在两点间的直线方向上定出一些点，量距时，便可沿这些点进行丈量，这项工作称为直线定线。直线定线一般用标杆目估定线或经纬仪定线。

1. 目估定线

目估定线有两种情况，一种是在较平坦的地面目估定线，另一种是过山头目估定线。

（1）在较平坦的地面目估定线。如图 6—9 所示，A、B 为地面上有标志且互相通视的两点，欲测量 AB 间的距离，需在连接 A、B 两点的直线上标出 1，2……点。首先，应在 A、B 两点上竖立标杆，然后，测量员甲站在点 A 标杆后，通过点 A 标杆瞄准点 B 标杆。测量员乙手持标杆在点 2 附近，按甲的指挥左右移动标杆，直到甲从点 A 用人眼沿标杆的同一侧看到 A、2、B 三根标杆在一条直线上为止，同时，测量员乙应在地面上用一测钎表示点 2 的位置。同法可定出直线上的其他点。量距时，可先直线定线，然后量距。若距离不长，也可边定线边量距。此种定线适合一般量距。

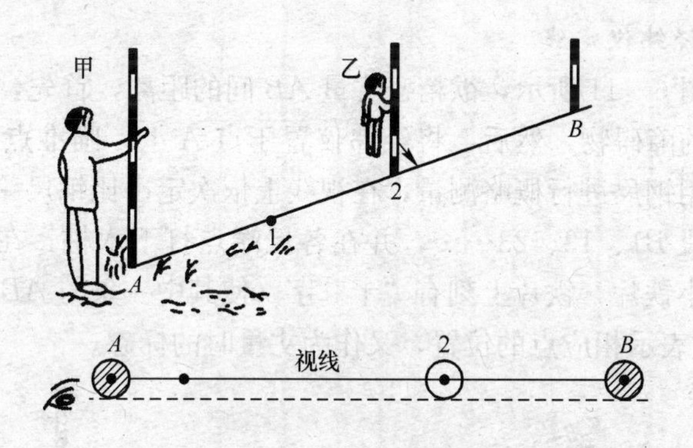

图 6—9　在较平坦的地面目估定线

（2）过山头目估定线。当地面起伏不平时，两根标杆不能通视，如两点间有山头阻隔，如图 6—10 所示。此时，需用在 A、B 两点间增设 C、D 点的方法。首先，在 A、B 两点竖好标杆，甲站到能看到点 B 的 C_1 处立一标杆，并指挥乙在 C_1B 方向间能看到点 A 的地方 D_1 处立一标杆。然后，由乙指挥甲把 C_1 处的标杆移到 D_1A 方向线上的点 C_2 处立好标杆。同法继续下去，逐渐趋近，直到 CDB 在同一直线上，而且 DCA 也在同一直线上为止。此时，$ACDB$ 在同一直线上。

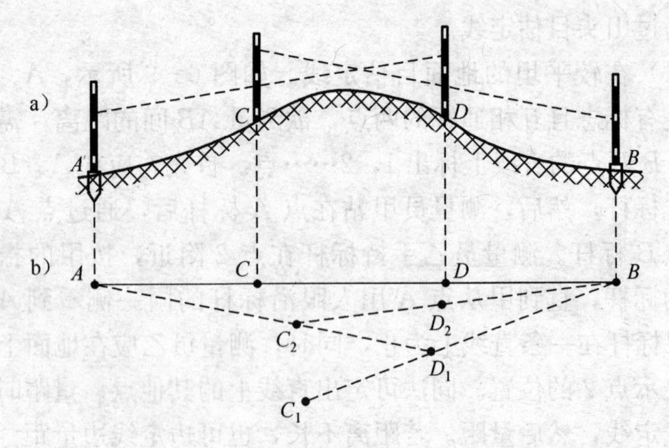

图 6—10　起伏互不通视两点间立标杆定线

2. 经纬仪定线

如图 6—11 所示，欲精密丈量 AB 间的距离，首先，应清除沿线上的障碍物，然后，将经纬仪置于点 A 上，瞄准点 B 进行定线。用钢尺进行概略测量，在视线上依次定出比钢尺一整尺略短的尺段 $B1$、12、23……，并在各尺端点打下木桩，在木桩顶部钉入小铁片，铁片上刻有“十”字（使其中一条与 AB 方向重合），既表示相应点的位置，又作为丈量时的标志。

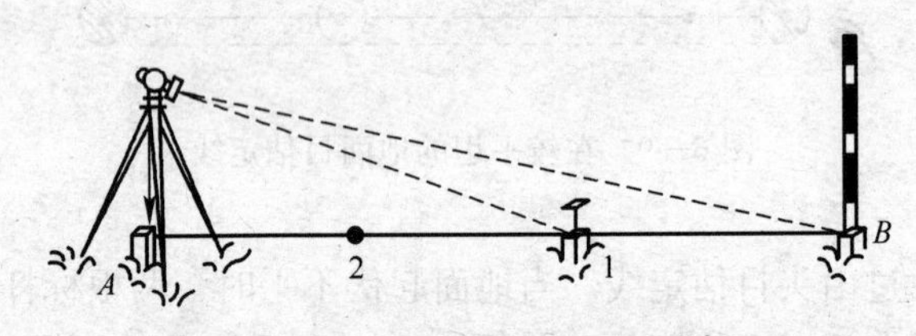

图 6—11　经纬仪定线

三、钢尺量距的一般方法

一般量距的方法是指采用目估法定线、整尺法丈量，目估将钢尺拉平丈量。

1. 丈量方法

（1）平坦地面的距离丈量。直线定线后就可以进行距离丈量。一般精度的距离丈量需要三个人，分为前尺员、后尺员和记录员。如图6—12所示，欲由点A向点B丈量，后尺员手拿尺子的零刻线处对准直线起点A，前尺员手拿尺的末端，并拿一标杆和一束测钎沿直线AB方向前进，到一整尺段处停下，由后尺员指挥定线，标出点1位置。然后，将尺平铺在直线上，两人同时用力将尺拉紧、拉直、拉平。待后尺员将钢尺零点对准点A喊“好”时，前尺员应立即用测钎对准钢尺末端并竖直地将测钎插入地中，得到点1，这样，就完成了第一尺段的丈量工作。然后，两人拿起钢尺，同时沿直线方向前进，待后尺员走到前尺员所插的第一根测钎时停步，按上述方法，重复第一个尺段的丈量工作，依次丈量第二、第三、…、第n个整尺段。最后，不足一整尺段时，后尺员以尺的零点对准测钎，前尺员用钢尺对准点B并读出不足一整尺段的余长q。到此，丈量AB直线完毕，则AB两点之间的水平距离为：

$$D_{AB}=n\times L+q$$

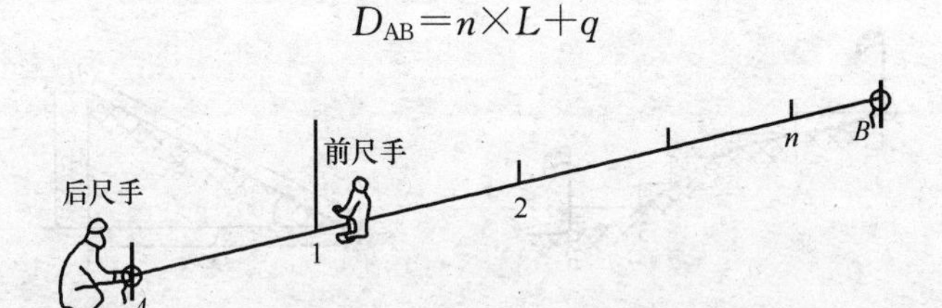

图6—12　平坦地面的距离丈量方法

式中，n——丈量的整尺段个数（即后尺员手中收回的测钎个数）；

L——钢尺的整尺段长度；

q——不足一整尺段的余长；

D_{AB}——由A量到B的长度。

为了防止错误和提高测量精度，按上述方法，从B至A边定线边丈量，进行返测。

（2）倾斜地面的距离丈量。根据地势的情况，倾斜地面的距离丈量有如下两种方法。

1）平量法。当地势起伏不大时，可分段将钢尺拉平进行丈量，并由高到低进行。如图 6—13 所示，丈量时，后尺员甲应立于点 A 处，并指挥前尺员乙将钢尺拉在 AB 方向线上，然后，将钢尺的零点对准点 A，并将钢尺抬高，同时目估钢尺水平，这时乙应用锤球将尺段点投于地面点 1 并插下测钎，在该点处读数，即为 $A1$ 的水平距离。同法继续丈量其余各尺段，直至终点 B。为了方便起见，返测仍由高到低进行校核。

2）斜量法。当地面高低起伏变化比较均匀时，可沿斜坡丈量 A、B 两点之间的斜距 L，如图 6—14 所示，测出地面倾斜角 α 或 A、B 两点的高差 h，即可按下式计算 AB 的水平距离：

$$D=L \cdot \cos \alpha$$

或

$$D=\sqrt{L^2-h^2}$$

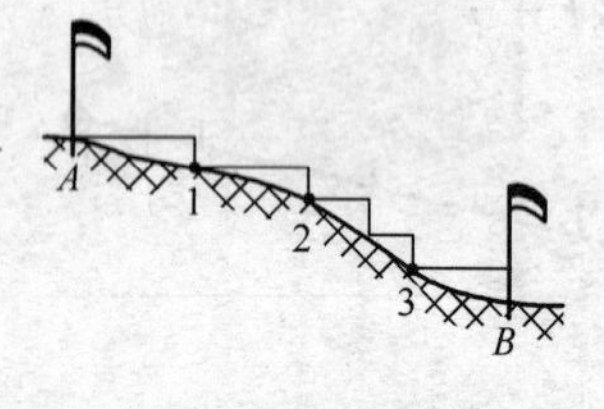

图 6—13　平量法

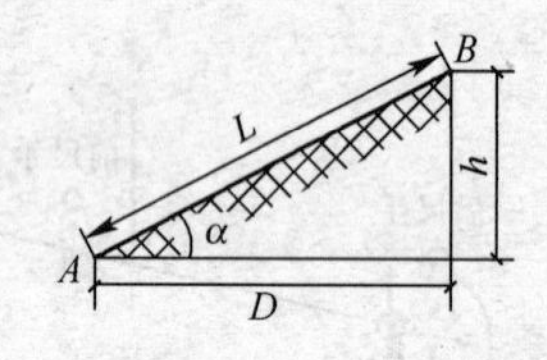

图 6—14　斜量法

2. 距离丈量的精度计算

距离丈量的精度用相对误差来表示。相对误差是往返丈量距离之差的绝对值与距离的平均值之比，并用将分子化为 1、分母取整数的分数形式表示，即

$$D_{平均}=\frac{1}{2}(D_{往}+D_{返})$$

相对误差：

$$K=\frac{|D_{往}-D_{返}|}{D_{平均}}=\frac{|\Delta D|}{D_{平均}}=\frac{1}{\frac{D_{平均}}{|\Delta D|}}$$

例如，用长 30 m 的钢尺往、返丈量 A、B 两点间的距离，丈量结果分别是往测为 136.76 m，返测为 136.80 m，如图6—15所示。

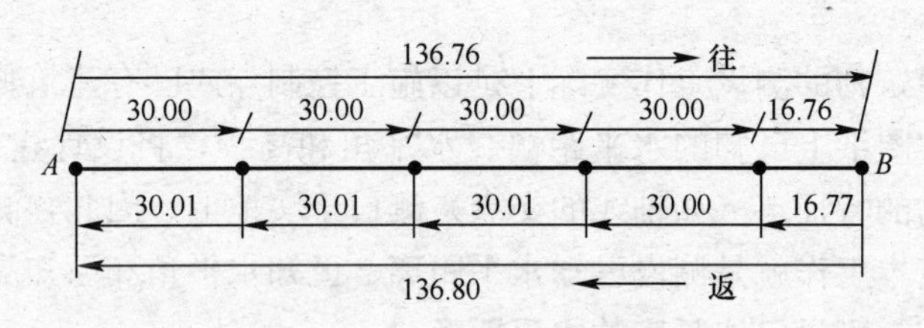

图 6—15　往返丈量示意图

AB 距离：$D=(136.80+136.76)/2=136.78$ m

相对误差：$K=(136.80-136.76)/136.78$

$=0.04/136.78\approx 1/3\ 400$

在平坦地区，钢尺量距的相对误差一般应不大于 1/3 000；在量距困难地区，其相对误差应不大于 1/1 000。在符合精度要求时，取往返丈量距离的平均值作为丈量结果即可。

3. 钢尺量距的注意事项

（1）应用经过检定的钢尺量距。钢尺应拉直，其两端的拉力，50 m 的钢尺为 150 N，30 m 的钢尺为 100 N。

（2）前、后尺员动作要配合好。定线要直、尺身要水平、尺子要拉紧、用力要均匀，待尺子稳定时，再读数或插测钎。

（3）用测钎标志点位，测钎要竖直插下。前、后尺员所量测钎的部位应一致。

（4）读数要细心。例如防止将 6 错读成 9，或将 18.014 错读成 18.140 等。

（5）记录应清楚。记好后，及时回读，互相校核。

（6）钢尺性脆易折断，应防止打环、扭曲、拖拉，并严禁车碾、人踏，以免损坏。钢尺易生锈，用毕需擦净、涂油。

模块二　测设已知水平距离、水平角和高程

建筑物的测设工作实际上是以施工控制点或已有建筑物为依据，按图纸上已知的水平距离、水平角和高程，将设计建筑物、构筑物的特征点（如轴线的交点）测设于实地上。因此，测设的三项基本工作就是测设已知水平距离、已知水平角和已知高程。

一、测设已知长度的水平距离

测设已知长度的水平距离是从一个已知点开始，沿给定的方向，量出设计的水平距离，并在地面上定出另一端点的位置。

如图 6—16 所示，设 A 为地面上已知点，欲在地面上沿给定方向 AB 上测设一段距离 D，其测设方法如下所述。

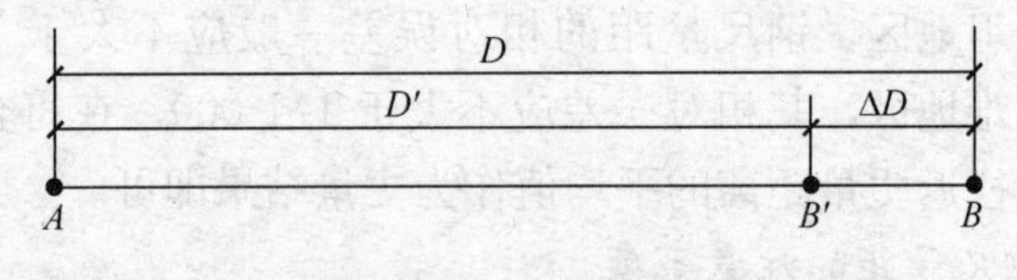

图 6—16　测设距离

（1）从点 A 开始，沿 AB 方向用钢尺边定线边丈量，按设计长度 D 在地面上定出点 B'的位置。

（2）为了校核起见，应进行往返丈量。若相对误差在容许范围（1/3 000～1/2 000）内，则取其平均值 D'，并将端点 B'加以改正，以求得点 B 的最后位置。改正数 $\Delta D=D—D'$。当 ΔD 为正时，向外改正；反之，向内改正。

例如，欲在地面上沿给定方向 AB 上测设一段距离 $D=$ 124. 458 m。从点 A 开始，沿 AB 方向用钢尺边定线边丈量，按设计长度 124. 458 m 在地面上定出点 B'的位置。返测，若相对误差在容许范围内，取其平均值 $D'=$124. 384 m，显然，它比所需要的长度短 0. 074 m，只要将点 B'向外改正 0. 074 m，就得到所测设的点 B。

二、测设已知数据的水平角

测设水平角是根据地面上已有的一个已知方向，按设计的水平角值，用经纬仪在地面上定出另一个方向，其测设方法如下所述。

1. 一般方法

如图 6—17 所示，设 O 为地面上的已知点，OA 为已知方向，要沿顺时针方向测设已知水平角 β（如 $60°28'12''$），其测设方法如下所述。

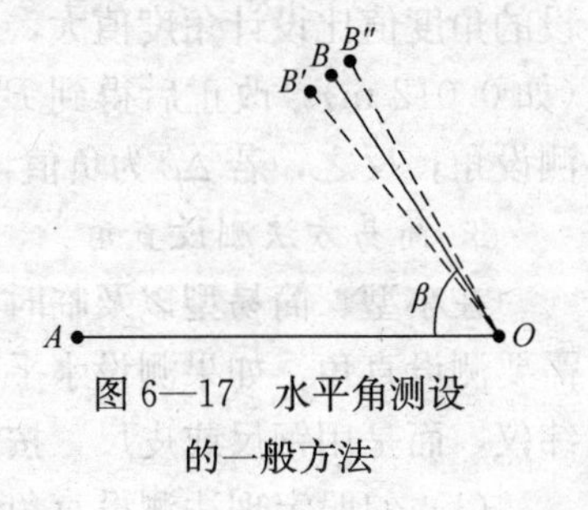

图 6—17　水平角测设的一般方法

（1）在 O 点安置经纬仪，对中、整平。

（2）盘左位置瞄准 A 点，将水平度盘配置在 $00°00'00''$，松开照准部制动螺旋，顺时针方向转动照准部，当水平度盘读数为 β（如 $60°28'12''$）时，固定照准部，沿视线方向在地面上定出 B'点。

（3）为了检核和提高测设精度，纵向旋转望远镜成盘右位置，重复上述操作，并沿视线方向在地面上定出 B''点。

（4）取 B'和 B''的中点 B，则$\angle AOB$ 就是要测设的水平角。

2. 精密方法

当测设水平角精度要求较高时，分两步进行，如图 6—18 所示。

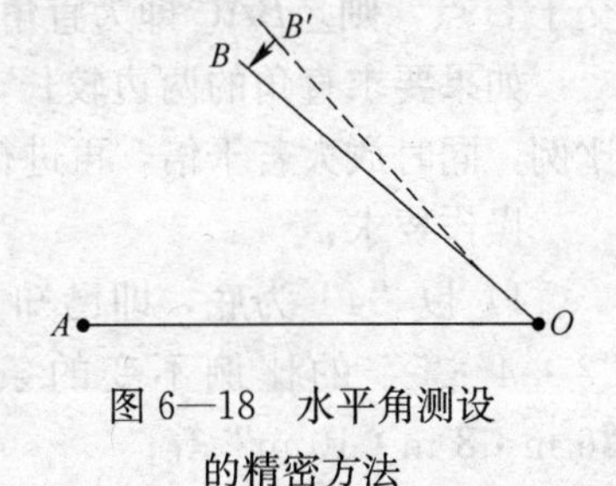

图 6—18　水平角测设的精密方法

（1）用盘左或盘右按一般方法测设已知水平角定出一个临时点 B'。

（2）用测回法精密测量出$\angle AOB'$的水平角（精度要求越高测回数越多），取各测回平均值 β'。如 β 与 β'的差值 $\Delta\beta$（$\Delta\beta=\beta'-\beta$）超出了限差要求（$\pm10''$），则应对 B'进行改正。改正时，先根据角度值 $\Delta\beta$ 和 OB′的边长计算出垂直距离：

$$B'B = OB' \cdot \tan\Delta\beta = OB' \cdot \Delta\beta/\rho''$$

式中，$\rho''=206\ 265''$。

例如，求得 $\Delta\beta=50''$，$OB'=50.00$ m，则 $B'B=50.00\ \text{m}\times\tan50''/206\ 265''=0.012$ m。

(3) 在现场过 B'点作 OB'的垂线，若 $\Delta\beta$ 为正，说明实际测设的角度值比设计角度值大，应沿 OB'的垂线往内改正距离 $B'B$（如 0.012 m），改正后得到 B 点，$\angle AOB$ 即为符合精度要求的测设角；反之，若 $\Delta\beta$ 为负值，则应沿 OB'的垂线往外改正。

3. 简易方法测设直角

在小型、简易型以及临时建筑和构筑物的施工过程中，经常需要测设直角。如果测设水平角的精度要求不高，也可以不用经纬仪，而是用钢尺或皮尺，按简易方法进行测设。

(1) 勾股定理法测设直角。如图 6—19 所示，设 AB 是现场上已有的一条边，要在 A 点测设与 AB 成 90°的另一条边，具体测设方法如下：

1）先用钢尺在 AB 线上量取 4 m 定出 P 点。

2）以 A 点为圆心，3 m 为半径在地面上画圆弧。

3）以 P 点为圆心，5 m 为半径在地面上画圆弧，两圆弧相交于 C 点，则$\angle BAC$ 即为直角。

如果要求直角的两边较长，可将各边长保持“3∶4∶5”的比例，同时放大若干倍，再进行测设。

操作要求：

1）以“4”为底，即已知方向上用“4”。当场地允许时在“3∶4∶5”的比例不变的条件下，尽量选用较大尺寸，如“6 m∶8 m∶10 m”等；

2）三边同用钢尺有刻划线的一侧，且三边同在一平面内、拉力一致。

3）两个直角边中，至少有一边尺身要水平。

(2) 中垂线法测设直角。如图 6—20 所示，AB 是现场上已有的一条边，要过 P 点测设与 AB 成 90°的另一条边。具体测设方法如下：

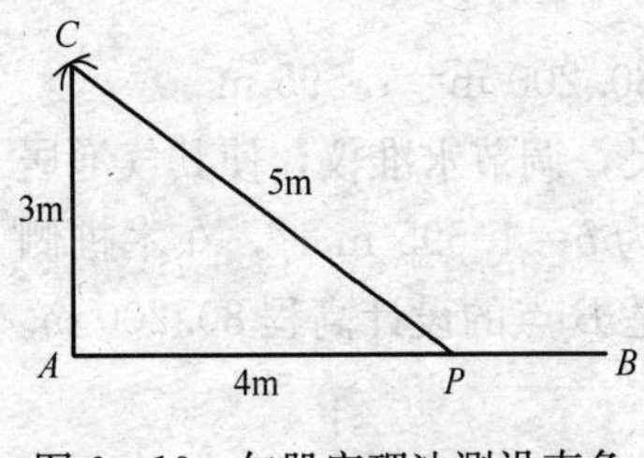

图 6—19　勾股定理法测设直角

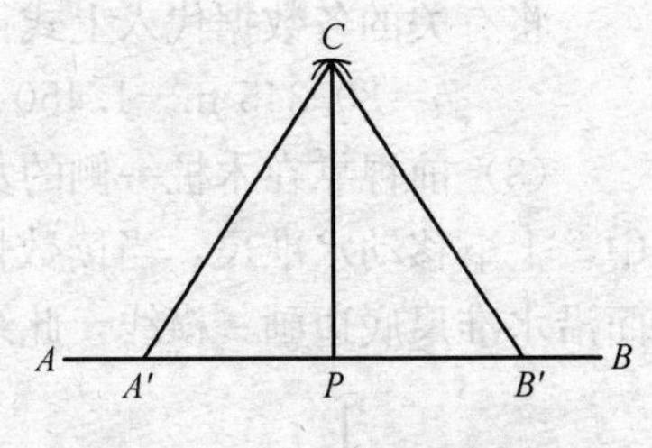

图 6—20　中垂线法测设直角

1）用钢尺在直线 AB 上定出与 P 点距离相等的两个临时点 A'和 B'。

2）分别以 A'和 B'为圆心，以大于 PA'的长度为半径，画圆弧相交于点 C，则 PC 为 $A'B'$的中垂线，即 PC 与 AB 垂直。

操作要求：

1）A、A'、P、B'、B 最好同在一水平线上，至少是在一条直线上；

2）三边 $A'B'$、$A'C$、$B'C$ 同用钢尺有刻划线的一侧，且三边同在一平面内、拉力一致。

三、高程测设

高程测设是根据邻近已有的水准点或高程标志，在现场标定出某设计高程的位置。高程测设是施工测量中常见的工作内容，一般用水准仪进行。

1. 高程测设的一般方法

如图 6—21 所示，某点 B 的设计高程为 $H_{B}=80.200$ m，附近一水准点 A 的高程为 $H_{A}=80.345$ m，现要将 B 点的设计高程测设在一个木桩上，其测设步骤如下所述。

(1) 在水准点 A 和 B 的木桩之间安置水准仪，后视立于水准点 A 上的水准尺，调节水准仪，使其气泡居中，读中线读数，设 $a=1.450$ m。

（2）计算水准仪前视 B 点木桩上水准尺的应读读数 b：

$$b=H_A+a-H_B$$

将有关的各数据代入上式得

$$b=80.345\ \text{m}+1.450\ \text{m}-80.200\ \text{m}=1.595\ \text{m}$$

（3）前视靠在木桩一侧的水准尺，调节水准仪，使其气泡居中，上下移动水准尺，当读数恰好为 $b=1.595$ m 时，在木桩侧面沿水准尺底边画一横线，此线就是 B 点的设计高程 80.200 m。

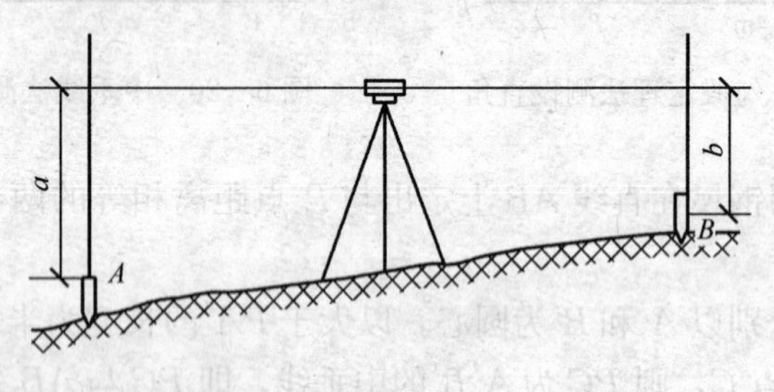

图 6—21　高程测设的一般方法

2. 钢尺配合水准仪进行高程测设

当需要向基坑底或高楼面测设高程时，因水准尺长度有限，中间又不便安置水准仪转测站观测，可用钢尺配合水准仪进行高程的传递和测设。

（1）向基坑内测设高程。如图 6—22 所示，已知高处水准点 A 的高程 $H_A=90.267$ m，需测设基坑内一点 P 的设计高程 $H_P=83.600$ m。施测时，用检定过的钢尺，挂一个与要求拉力相等的重锤，悬挂在支架上，零点一端向下，其测设步骤如下所述。

1）先在高处安置水准仪，读取 A 点上水准尺的读数 $a_1=1.701$ m 和钢尺上的读数 $b_1=9.236$ m。

2）在基坑内安置水准仪，读取钢尺上的读数 $a_2=1.642$ m，可得低处 P 点上水准尺的应读读数 b_2 的计算式为：

$$b_2=H_A+a_1-(b_1-a_2)-H_P$$

由该式算得

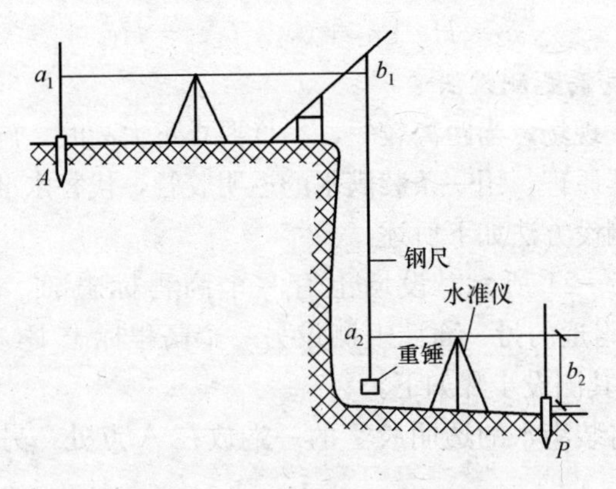

图 6—22　向基坑内测设高程

b_2＝90.267 m＋1.701 m－(9.236 m－1.642 m)－83.600 m
＝0.774 m

3）上下移动基坑内水准尺，当读数为 b_2＝0.774 m 时，沿尺底边画一横线，此线即是设计高程标志。

（2）向高处测设高程。从低处向高处测设高程的方法与向基坑内测设高程类似。如图 6—23 所示，已知低处水准点 A 的高程 H_A，需测设高处 P 的设计高程 H_P。应先在低处安置水准仪，读取读数 a_1 和 b_1，再在高处安置水准仪，读取读数 a_2，则高处水准尺的应读读数 b_2 的计算式为：

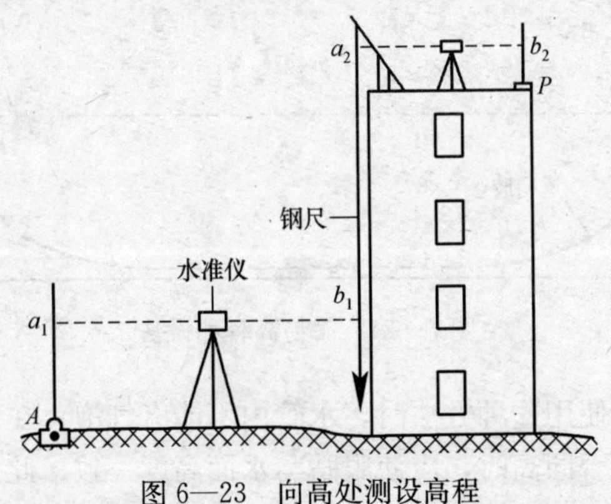

图 6—23　向高处测设高程

$$b_2 = H_A + a_1 + (a_2 - b_1) - H_P$$

3. 简易高程测设法

在施工现场，当距离较短，精度要求不太高时，施工人员常利用连通器原理，用一条装满水的透明胶管，代替水准仪进行高程测设，测设方法如下所述。

如图 6—24 所示，设墙上有一个高程标志 A，其高程为 H_A，想在附近的另一面墙上测设另一个高程标志 P，其设计高程为 H_P，其测设步骤如下。

（1）将装满水的透明胶管的一端放在 A 点处，另一端放在 P 点处。

（2）水管两端同时抬高或者降低，使 A 端水管水面与高程标志对齐。

（3）在 P 处与水管水面对齐的高度作一临时标志 P'，则 P' 高程等于 H_A。

（4）根据设计高程与已知高程的差 $d_h = H_P - H_A$，以 P' 为起点，垂直往上（d_h 大于 0 时）或往下（d_h 小于 0 时）量取 d_h，并作标志 P，则此标志 P 的高程即为设计高程。

例如，若 $H_A = 77.368\ m$，$H_P = 77.000\ m$，$d_h = 77.000\ m - 77.368\ m = -0.368\ m$，按上述方法标出与 H_A 同高的 P' 点后，再往下量取 0.368 m 定点，即为设计高程标志。

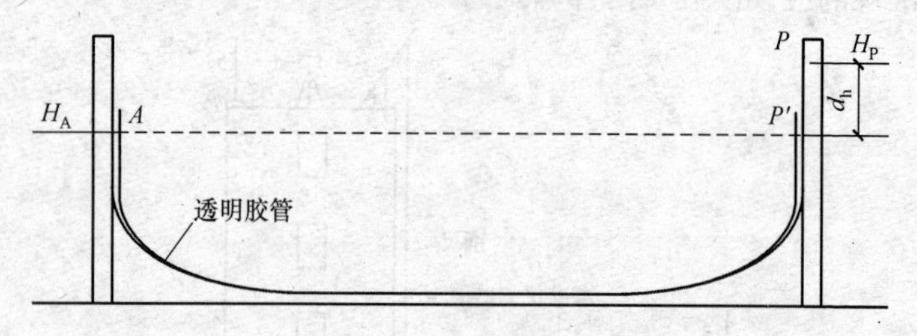

图 6—24　简易高程测设法

注意：使用这种方法时，水管内不能有气泡；在观察管内水面与标志是否同高时，应使眼睛与水面高度一致。此外，不宜连续用此法往远处传递和测设高程。

模块三 测设直线

在施工过程中，经常需要在两点之间测设直线或将已知直线延长，由于现场条件不同和要求不同，有多种不同的测设方法，应根据实际情况灵活应用，下面介绍一些常用的测设方法。

一、在两点间测设直线

1. 一般测设法

如图 6—25 所示，*A*、*B* 为现场已有的两个点，要在 *A*、*B* 两点间再定出若干个点，这些点应与 *AB* 在同一条直线上，或再根据这些点在现场标绘出一条直线来。如果两点之间能通视，并且在其中一个点上能安置经纬仪，则可用经纬仪定线法进行测设，具体操作步骤如下。

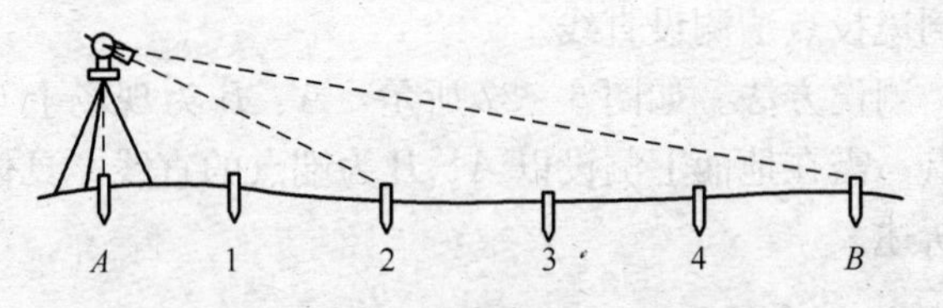

图 6—25 两点之间通视时测设直线

（1）在其中一个点 *A* 上安置经纬仪，照准另一个点 *B*，固定照准部。

（2）根据需要，在现场合适的位置，如点 2 立测钎，用经纬仪指挥测钎左右移动，直到恰好与望远镜竖丝重合时定出该点，该点即位于 AB 直线上。

（3）同法依次测设出其他直线点。

需要的话，可在每两个相邻直线点之间用拉白线、弹墨线和撒灰线的方法，在现场将此直线标绘出来，以此作为施工的依据。

如果经纬仪与直线上的部分点不通视，如图 6—26 所示，深坑下面的 P_1、P_2 点，则可先在与 P_1、P_2 点通视的地方（如坑边）测设一个直线点 C，再搬到 C 点测设 P_1、P_2 点。一般测设法通常只需在盘左（或盘右）状态下测设一次即可。但应在测设完所有直线点后，重新照准另一个端点，检验经纬仪直线方向是否发生了偏移，如有偏移，应重新测设。此外，如果测设的直线点较低或较高，应在盘左和盘右状态下各测设一次，然后，取两次的中点作为最后结果。

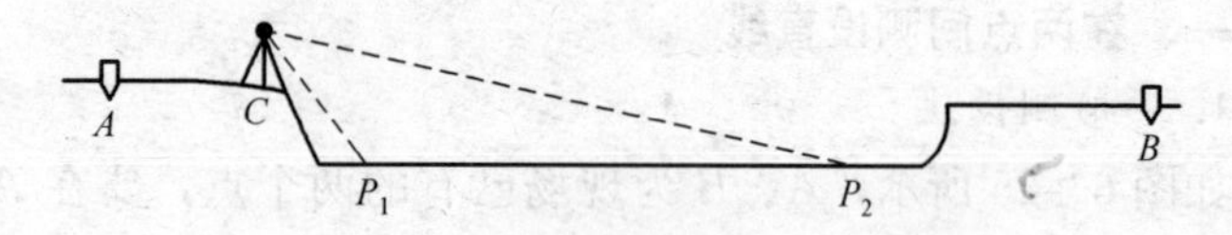

图 6—26　两点之间不通视时测设直线

2. 正倒镜投点法

如果两点之间不通视，或者两个端点均不能安置经纬仪，可采用正倒镜投点法测设直线。

（1）测设方法。如图 6—27 所示，A、B 为现场上互不通视的两个点，需在地面上测设以 A、B 为端点的直线，具体测设方法如下所述。

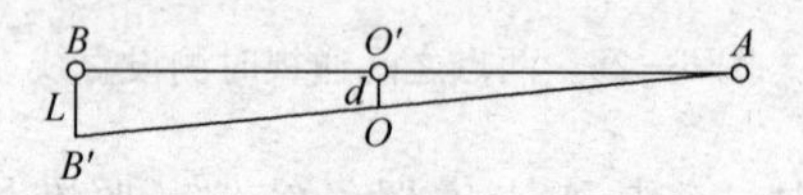

图 6—27　正倒镜投点法测设直线

1）在 A、B 之间选一个能同时与两端点通视的 O 点安置经纬仪，尽量使经纬仪中心在 A、B 的连线上，且与 A、B 的距离大致相等。

2）盘左瞄准 A 点并固定照准部，再倒转望远镜观察 B 点，若望远镜视线与 B 点的水平偏差为 $BB'=L$，则根据相似三角形性质，计算经纬仪中心偏离直线的距离 d，即

$$d=L\cdot\frac{OA}{AB}$$

3）将经纬仪从 O 点往直线方向移动距离 d，然后，重新安置经纬仪并重复上述步骤的操作，使经纬仪中心逐次往直线方向趋近。

4）当瞄准 A 点，倒转望远镜正好瞄准 B 点时，并不等于仪器一定就在 AB 直线上，这是因为仪器存在误差。因此，还需要用盘右瞄准 A 点，再倒转望远镜，看是否也正好瞄准 B 点。如果是，则证明正倒镜无仪器误差，且经纬仪中心已经位于 AB 直线上。如果不是，则证明仪器有误差，这时，可松开中心螺栓，轻微移动仪器，使得盘左、盘右观测时，十字丝纵丝分别落在 B 点两侧，并对称于 B 点。这样，就使仪器精确位于 AB 直线上，这时，即可用前面所述的一般方法测设直线。

（2）注意事项。正倒镜投点法测设直线时应注意以下几点：

1）正倒镜投点法的关键是用逐渐趋近法将仪器精确安置在直线上。

2）实际工作中，为了减少通过搬动脚架来移动经纬仪的次数，提高作业效率，在安置经纬仪时，可按图 6—28 所示的方式安置脚架，使一个脚架与另外两个脚架中点的连线与所要测设的直线垂直，当经纬仪中心需要往直线方向移动的距离不太大（10～20 cm 以内）时，可通过伸缩该脚架来移动经纬仪；而当移动的距离更小（2～3 cm 以内）时，只需在脚架头上移动仪器即可。

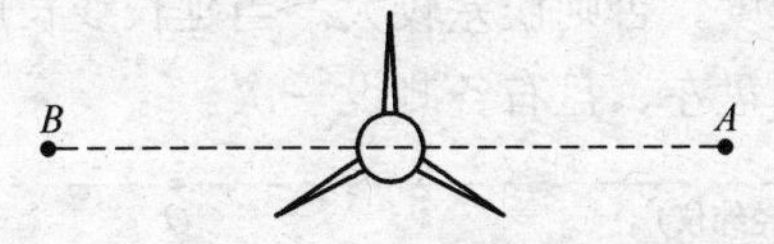

图 6—28　正倒镜投点法测设直线时脚架的位置

3）因为主要是靠不断的趋近操作使仪器严格处于直线上，所以，计算偏离直线的距离 d 时，有关数据和结果并不需要非常准确，甚至可以直接目估距离 d。为了提高精度，应使用检验校正过的经纬仪，并且用盘左和盘右进行最后的趋近操作。

3. 直线加吊锤法

当距离较短时，用一条细线绳连接两个端点，便可得到所要测设的直线。如果地面高低不平，或者局部有障碍物，应将细线绳抬高，以免碰线。此时，要用线锤将地面点引至适宜的高度再拉线，拉好线后，还要用线锤将直线引到地面上，如图6—29所示。用细线绳和线锤测设直线方法简便，因此，在施工现场应用很普遍，用经纬仪测设直线时，也经常需要这些简易工具的配合。

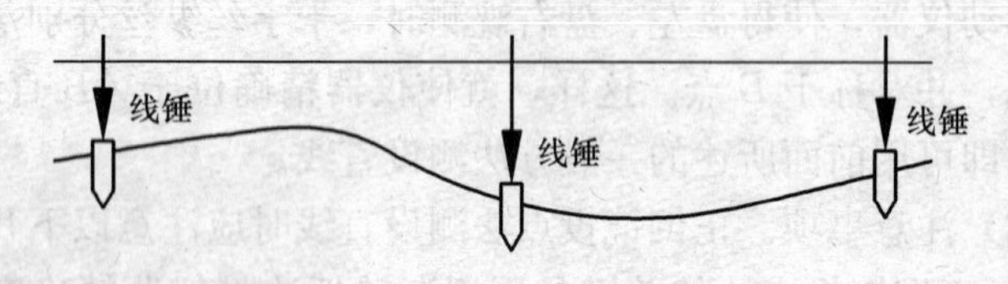

图 6—29　直线加吊锤法测设直线

二、用经纬仪延长已知直线

如图 6—30 所示，在现场有已知直线 AO，需要将其延长至 B。根据 OB 是否通视以及经纬仪设站位置不同，有几种不同的测设方法。

1. 顺延法

在 A 点安置经纬仪，照准 O 点，抬高望远镜，用视线（纵丝）指挥在现场定出 B 点即可，要注意延长线长度一般不要超过已知直线的长度，否则误差较大。当延长线长度较长或地面高差较大时，应用盘左、盘右各测设一次。

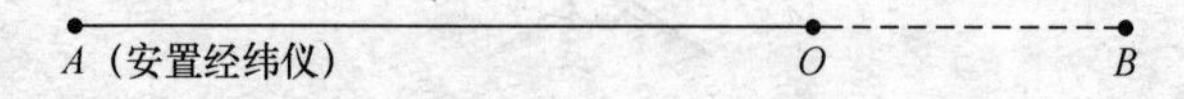

图 6—30　顺延法延长已知直线

2. 倒延法

当 A 点无法安置经纬仪，或者由于 AO 距离较远，致使从 A

点用顺延法测设 B 点的照准精度降低时，可以用倒延法测设，如图 6—31 所示。

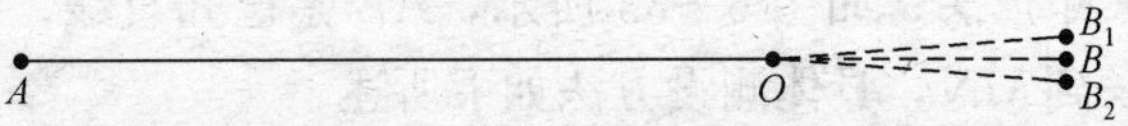

图 6—31　倒延法延长已知直线

（1）在 O 点安置经纬仪，盘左照准 A 点，倒转望远镜，用视线指挥在现场上定出 B_1 点。

（2）盘右照准 A 点，倒转望远镜，用视线指挥在现场定出 B_2 点。

（3）为了消除仪器误差，应用盘左和盘右各测设一次，取两次的中点 B 为 AO 的延长线方向。

3. 经纬仪延长已知直线时遇障碍物的处理

当延长直线上不通视时，需绕过障碍物后再延长直线。

（1）三角形法。如图 6—32 所示，AB 是已知直线，欲将 AB 直线延长到 MN，具体测设方法如下所述。

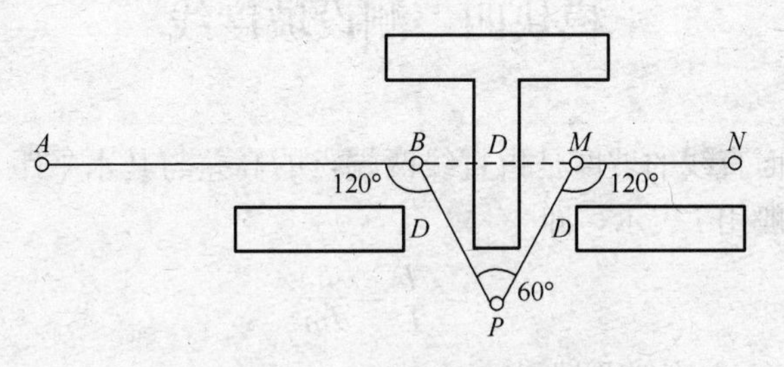

图 6—32　三角形法延长直线

1）在 B 点安置经纬仪，以 A 点为后视，测设 120°角，并量距 D 定出 P 点。

2）移仪器于 P 点，后视 B 点，测设 60°角，并量距 D 定出 M 点。

3）移仪器于 M 点，后视 P 点，测设 120°角定出 N 点，则 MN 即为 AB 直线延长线。

注意：当三角形为等边三角形时，绕过障碍物的测设比较简单，操作较快。

（2）矩形法。如图 6—33 所示，AB 是已知直线，欲将 AB 直线延长到 MN，具体测设方法如下所述。

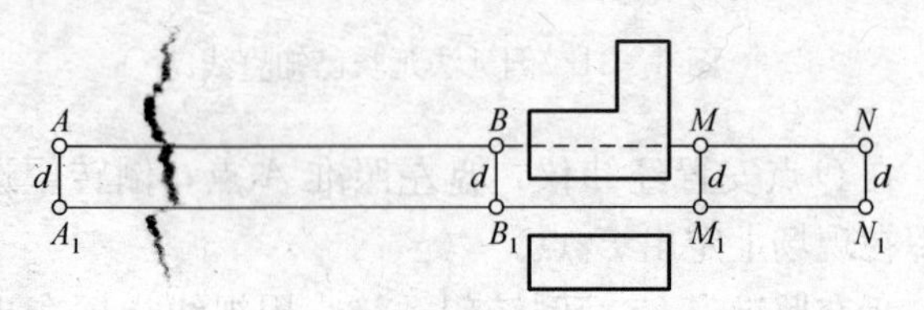

图 6—33　矩形法延长直线

1）在 A 点和 B 点测设垂线 d，得 A_1 和 B_1 点。

2）将经纬仪安置在 A_1 点（或 B_1 点），用顺延法（或倒延法）测设 A_1B_1 的延长线，得 M_1 和 N_1，然后，分别在 M_1 点和 N_1 点以 d 距离作垂线，得 M 点和 N 点，则 MN 是 AB 的延长线。

模块四　测设坡度线

地面直线的坡度是指直线两端点的高差与其水平距离之比，坡度一般用 i 表示，即

$$i=\frac{h}{D}=\frac{h}{dm}$$

式中，h——直线两端点的高差；

D——直线的水平距离；

d——图上两点间长度；

m——地形图比例尺分母。

在平整场地、铺设管道及修筑道路等工程中，往往要按一定的设计坡度（倾斜度）进行施工，这时，需要在现场测设坡度线，以此作为施工的依据。坡度线的测设是根据附近水准点的高程、设计坡度和坡度线端点的设计高程，用高程测设的方法将坡

度线上各点的设计高程标定在地面上。根据坡度大小的不同和场地条件的不同，坡度线测设的方法有水平视线法和倾斜视线法两种。

一、水平视线法

当坡度不大时，可采用水平视线法。如图 6—34 所示，A、B 点为设计坡度线的两个端点，A、B 点设计高程分别为 H_A、H_B、AB 设计坡度为 i。为了施工方便，要求在 AB 方向上每隔距离 d 打一个木桩，并在木桩上定出一个高程标志，使各相邻标志的连线符合设计坡度。设附近有一水准点 $BM_{Ⅱ}$，其高程为 $H_{Ⅱ}$，具体测设方法如下所述。

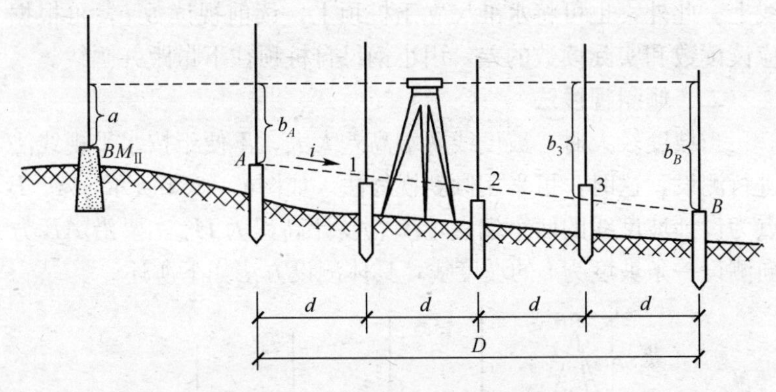

图 6—34　水平视线法测设坡度线

(1) 在地面上沿 AB 方向，依次测设间距为 d 的中间点 1、2、3，并在点上打好木桩。

(2) 计算各桩点的设计高程。

第 1 点的设计高程：$H_1=H_A+id$

第 2 点的设计高程：$H_2=H_1+id$

第 3 点的设计高程：$H_3=H_2+id$

B 点的设计高程：$H_B=H_3+id$

注意：

1) B 点设计高程也可用 $H_B=H_A+iD$ 算出，用来检核上述计算是否正确。

2）坡度 i 有正、有负，计算设计高程时，坡度应连同符号一并运算。

（3）在合适的位置（与各点通视、距离相近）安置水准仪，后视水准点上的水准尺，设读数为 a，计算仪器视线高为：

$$H_{i}=H_{II}+a$$

再根据各点设计高程，依次代入 $b_{应}=H_{i}-H_{设}$ 计算测设各点时，应读前视读数。

（4）水准尺依次贴靠在各木桩的侧面，上下移动尺子，直至尺读数为 $b_{应}$ 时，沿尺底在木桩上画一横线，该线即在 AB 坡度线上。此外，也可将水准尺立于桩顶上，读前视读数 b，再根据应读读数和实际读数的差，用小钢尺自桩顶往下量距并画线。

二、倾斜视线法

当坡度较大时，坡度线两端高差太大，不便于按水平视线法进行测设，这时，可采用倾斜视线法。如图 6—35a 所示，A、B 点为设计坡度线的两个端点，A 点设计高程为 H_{A}，要沿 AB 方向测设一条坡度为 i 的坡度线，具体测设方法如下所述。

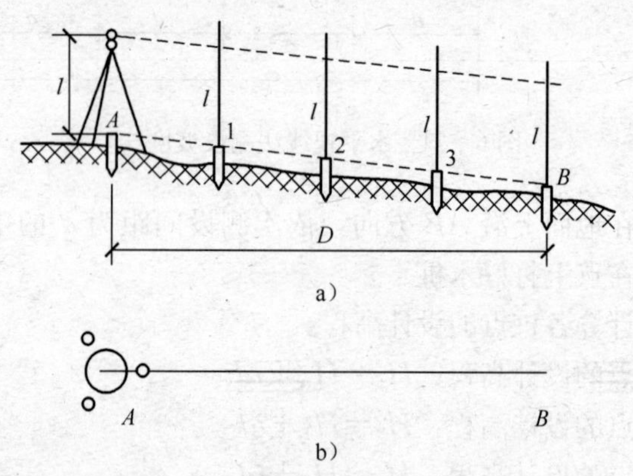

图 6—35　倾斜视线法测设坡度线

（1）根据 A 点设计高程、坡度 i 及 A、B 点两点间距离 D，计算 B 点设计高程，即

$$H_B = H_A + iD$$

(2) 按测设已知高程的一般方法，将 A、B 两点的设计高程测设在地面的木桩上。

(3) 在 A 点（或 B 点）上安置水准仪，使基座上的一个脚螺旋在 AB 方向上，其余两个脚螺旋的连线与 AB 方向垂直，如图 6—35b 所示。

(4) 粗略对中并调节与 AB 方向垂直的两个脚螺旋，使水准仪基本水平，量取仪器高 l。通过转动 AB 方向上的脚螺旋和微倾螺旋，使望远镜十字丝横丝对准 B 点（或 A 点），水准尺上读数等于仪器高 l 时，此时，仪器的视线与设计坡度线平行。

(5) 在 AB 方向的中间各点 1、2、3 的木桩侧面立水准尺，上下移动水准尺，直至尺上读数等于仪器高 l 时，沿尺底在木桩上画线，则各桩画线的连线就是设计坡度线。

注意：如果设计的坡度很大时，超出水准仪脚螺旋所能调节的范围，可用经纬仪测设。由于经纬仪可方便地照准不同高度和不同方向的目标，因此，也可在一个端点上安置经纬仪来测设各点的坡度线标志。这时，经纬仪可按常规对中、整平和量仪器高，直接照准立于另一个端点水准尺上等于仪器高的读数，固定照准部和望远镜，即可得到一条与设计坡度线平行的视线。根据此视线，在各中间桩点上绘坡度线标志的方法同水准仪法。

思考题

1. 一般量距需要哪些工具？

2. 直线定线有几种方法？各是如何进行的？

3. 钢尺量距的一般方法是如何进行的？

4. 何为直线定线？直线定线的表示方法有哪两种方式，各是如何定义的？

5. 水平角测设时，采用盘左、盘右测设有什么好处？

6. 测设点的平面位置有几种方法？各适用于什么场合？各种方法的测设数据是如何计算的？

7. 用水准仪测设已知坡度线时，应如何摆放基座上脚螺旋的位置？为什么？

8. 地面上按边长 60～80 m 的距离选一条边，并在两端点打下两个木桩，钉一小钉作为点位，用量距的一般方法丈量两点之间的距离。

9. 某水准点 A 的高程为 126.540 m，水准仪在该点上的标尺读数 1.549 m，现欲测设出高程为 127.148 m 的 B 点，问 B 点上标尺读数为多少时，尺底高程为欲测设的高程？请绘出示意图。

10. 在地面上要测设一段长为 58.642 m 的水平距离 D_{AB}，先沿 AB 方向按一般方法测设 58.642 m，定出 D'点，再用长度为 30 m 的钢尺精确量得 AD'的水平距离为 58.659 m。问应如何对 D'点进行改正？请绘出示意图。

11. 如图 6—36 所示，测设出直角 AOB 后，精确测定其角度值为 $90°01'30''$，又已知 OA 的长度为 49 m，问 A 点应在 OA 的垂线上移动多少距离才能得到 $90°$角？应往内侧移还是往外侧移？

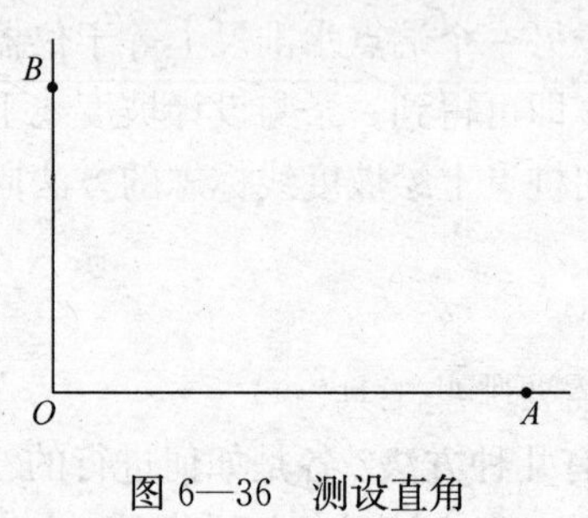

图 6—36　测设直角

第七单元　建筑施工测量

培训目标：

1. 了解施工测量的准备工作。
2. 掌握建筑物的定位测量。
3. 掌握基础的施工测量。
4. 掌握墙身的施工测量。
5. 掌握高层建筑的轴线投测和高程传递。
6. 掌握厂房预制构件的安装测量。
7. 掌握烟囱的施工测量。
8. 掌握管道的施工测量。
9. 掌握设备基础的施工测量。
10. 了解建筑物的沉降观测。

模块一　施工测量的准备工作

测量放线工作是建筑施工的引导工序，它对工程进度、保证质量、按图施工，以及能否达到设计要求的精度起着关键作用。

一、测量仪器的检验校正、钢尺检定

（1）根据《光学经纬仪检定规程》（JJC 414—2003）的规定，共检定 15 项，检定周期一般为一年。

（2）根据《全站型电子速测仪检定规程》（JJC 100—2003）的规定，共检定 13 项，检定周期为一年。

（3）钢尺应按《钢卷尺检定规程》（JJG 4—1999）的要求按期送检。

以上仪器与量具都必须送授权计量检测单位鉴定。

二、校测红线桩、水准点

红线桩由城市规划部门测定，在法律上起着建筑边界的作用。因为红线桩的点位有坐标，所以，它可以作为定位放线的依据。另外，还有建设单位或测绘部门给定的控制点及水准点，这些点都必须经过校测才能使用。

1. 核算总平面图上红线桩的坐标与其边长、夹角是否对应（即红线桩反算）

（1）根据红线桩的坐标，计算各红线边的坐标增量。

（2）计算红线边长 D 及其方位角 α。

（3）根据各边方位角，按下式计算各红线间的左夹角：

$$\beta_{左}=下一边的方位角-上一边的方位角\pm 180^{\circ}$$

2. 校测红线桩边长及左夹角

（1）红线桩点数量应不少于三个。

（2）校测红线桩的允许误差：角度±60″、边长1/2 500、点位相对于临近控制点的误差5 cm。

3. 校测水准点

（1）水准点数量应不少于两个。

（2）用附合测量法校测，允许闭合差为 $\pm 6\sqrt{n}$ mm（n 为测站数）。

三、校核图样、了解设计意图

1. 总平面图校核

（1）建筑用地红线桩点（界址点）坐标与角度、距离是否对应。

（2）建筑物定位依据及定位条件是否明确、合理。

（3）建（构）筑物群的几何关系是否交圈、合理。

（4）各幢建筑物首层室内地面设计高程、室外设计高程及有关坡度是否对应、合理。

2. 建筑施工图的校核

（1）建筑物各轴线的间距、夹角及几何关系是否交圈。

（2）建筑物的平面图、立面图、剖面图及节点大样图的相关尺寸是否对应。

（3）各层相对高程与总平面图中有关部分是否对应。

3. 结构施工图的校核

（1）以轴线图为准，核对基础、非标准层与标准层之间的轴线关系是否一致。

（2）核对轴线尺寸、层高、结构尺寸（如墙厚、柱断面、梁断面及跨度、楼板厚等）。

（3）核对结构施工图与建筑施工图相关部位的轴线、尺寸、高程是否对应。

4. 设备施工图的校核

（1）对照建筑、结构施工图，核对有关设备的轴线尺寸及高程是否对应。

（2）核对设备基础、预留孔洞、预埋件位置、尺寸、高程是否与土建图一致。

四、制订施工测量方案

施工测量方案是在施工之前，根据现场具体情况及设计要求，事先编制的一套完善的施工测量放线方法，以便指导施工，使其顺利进行、确保工期、保证精度、按设计要求完成任务。

施工测量方案应包括以下内容：工程概况，主要包括地理位置、结构形式、建筑面积、建筑总高度、施工工期、工程特点及特殊要求等；编制方案的依据；施工测量基本要求；建筑物与红线桩、控制点的关系；设计要求、定位条件、定位依据；场地的平整、平面各种临时设施、道路，地上、地下各种管线的定位；红线桩、控制桩及水准点校测；场地平面与高程控制网的布置方案、形式、精度等级及施测方法；建筑物定位、基础放线的主要方法及验线；高程传递、竖向投测；各种设备安装、沉降变形观测、竣工测量等；对于特殊要求的测量工作要提出所使用的仪器型号；测量工作的班组人员组成及管理。

在制订施工测量方案时，不一定要将上述内容全部包括，而应根据工程特点，突出重点、简明扼要地说明问题。

模块二　建筑物的定位测量

建筑物的定位是根据设计条件，将建筑物外廓的各轴线交点（简称角点）测设到地面上，并以此作为基础放线和细部放线的依据。

一、根据原有建筑物定位

根据设计拟建的建筑物与原有建筑物的位置关系（有平齐、垂直两种情况）进行定位。如图 7—1 所示，画有斜线的是原有建筑物，没有斜线的是拟建的建筑物。

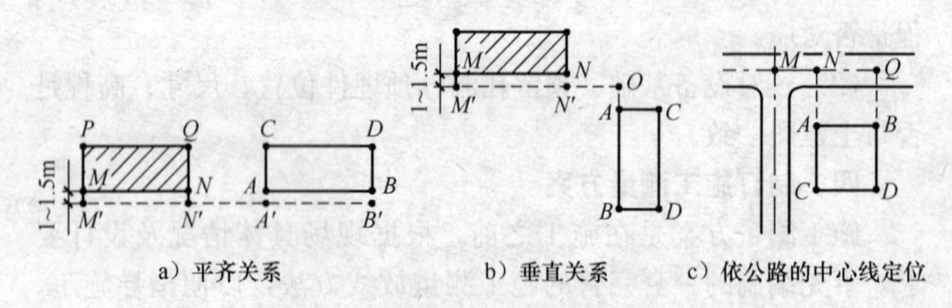

图 7—1　依据原有建筑物定位

1. 根据原有建筑物平齐关系定位

如图 7—1a 所示，定位时先将 PM 和 QN 用小线和钢尺延长同样的距离在 M'、N' 处各钉一木桩，再将 $M'N'$ 延长至 $A'B'$，$N'A'$ 的距离为 NA 的设计距离，最后，用直角坐标法在 A' 和 B' 处安置经纬仪定出 AC 和 BD。

2. 根据原有建筑物垂直关系定位

如图 7—1b 所示，用与平齐关系类似的方法，可以方便地对建筑物进行定位。

3. 根据公路的中心线定位

如图 7—1c 所示，依据公路中心线来确定拟建建筑物的位置。首先，用钢尺在每条公路的两个位置量出中点，用经纬仪延长这两点，即可得到公路中心线。两中心线相交点即为公路的交点 M，再用直角坐标法，根据图样上设计的有关数据就可定出建筑物的具体位置。

二、根据控制点定位

根据控制点进行定位的基本方法有直角坐标法、极坐标法、角度交会法和距离交会法等。在实际工作中，可根据施工控制网的布设形式、控制点的分布、地形情况、放样的精度要求以及施工现场条件等，选用适当的方法进行测设。

1. 直角坐标法

［例 7—1］ 如图 7—2 所示，已知拟建建筑物两角点 a、c 的设计坐标，并且拟建建筑物在方格网Ⅰ、Ⅱ、Ⅲ、Ⅳ内，拟建建筑物轴线与方格网平行。其坐标值均在图中注明，试测设定位拟建建筑物 a、b、c、d 的四个角点。

［解］ 现以 a 点为例，具体测设方法和步骤如下：

（1）根据Ⅰ点和 a 点的坐标计算测设数据：

$$\Delta x = x_a - x_1 = 420.00 - 400.00 = 20.00 \text{ m}$$

$$\Delta y = y_a - y_1 = 530.00 - 500.00 = 30.00 \text{ m}$$

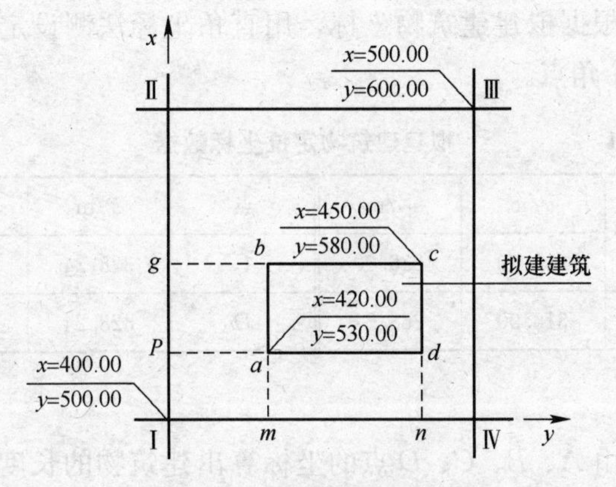

图 7—2 直角坐标法测设点位

（2）置经纬仪于Ⅰ点，照准Ⅳ点，沿视线方向测设距离 Δy

(30.00 m)，定出 m 点。

(3) 安置经纬仪于 m 点，照准Ⅳ点，逆时针方向测设 90°角，沿视线方向测设距离 Δx (20.00 m)，即可定出 a 点。

(4) 按以上步骤可定出其他各点。

注意：在上述测设中选择测设条件时，应尽量以长边作为后视测设短边，以减小误差，如图 7—2 所示，应在Ⅰ、Ⅳ轴上定 m、n 点，测设 a、b 与 d、c；而不应在Ⅰ、Ⅱ轴上定 P、g 点，测设 a、d 与 b、c。为了校核，应用钢尺丈量水平距离 ad 与 bc，检查与建筑物的尺寸是否相等；再在现场的四个角点安置经纬仪，测量水平角，检核四个大角是否为 90°。

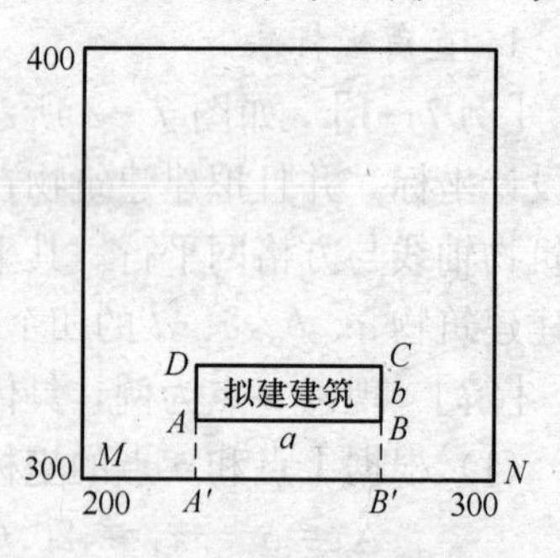

图 7—3　根据建筑方格网定位

[例 7—2]　如图 7—3 所示，拟建建筑物在建筑方格控制网内，并且拟建建筑物轴线与建筑方格网平行。拟建建筑物定位坐标数据见表 7—1，试根据拟建建筑物坐标，用直角坐标法测设定位 A、B、C、D 四个角点。

表 7—1　　拟建建筑物定位坐标数据

点	x/m	y/m	点	x/m	y/m
A	316.00	226.00	C	328.24	268.24
B	316.00	268.24	D	328.24	226.00

[解]

(1) 由 A、B、C、D 点的坐标算出建筑物的长度 a 和宽度 b，即

$$a=268.24-226.00=42.24 \text{ m}$$
$$b=328.24-316.00=12.24 \text{ m}$$

（2）在 M 点安置经纬仪，照准 N 点，在 MN 直线上测定 A'、B'，即

A'点　$MA'=226.00-200.00=26.00$ m

B'点　由 A'点起沿 MN 方向量取建筑物的长度 $a=42.20$ m。

（3）分别在 A'、B'点安置经纬仪，转测 90°，并在视线上分别量取 $A'A=B'B=316.00-300.00=16.00$ m，从而得 A、B 点，再由 A、B 点量取建筑物宽度 $b=12.24$ m，得 C、D 点。

2. 极坐标法定位

如拟建建筑物轴线不与坐标轴平行，应根据建筑物坐标先测设出建筑物的两条边作为基线，然后，再根据这条边来扩展控制网。极坐标法定位，应先测设控制网的长边，这条边与视线的夹角不宜小于 30°。

极坐标法是根据水平角和水平距离测设点的平面位置的方法。

［例 7—3］　如图 7—4 所示，A、B 点是现场已有的测量控制点，其坐标为已知，P 点为待测设的点，其坐标为已知的设计坐标。试用极坐标法定位 P 点。

［解］　（1）根据 A、B 点和 P 点坐标计算测设数据水平距离 D_{AP}、水平角 β，即

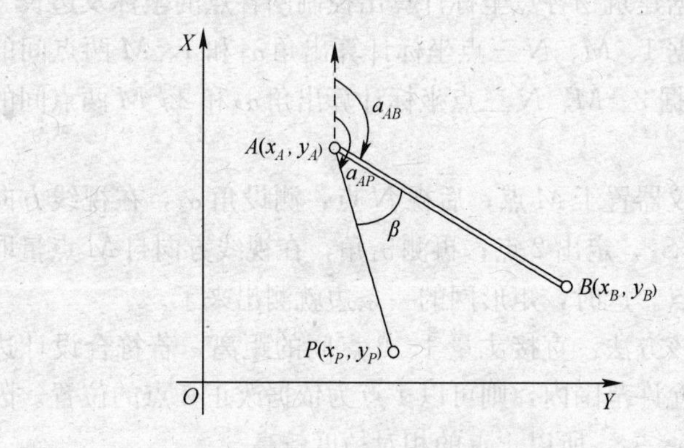

图 7—4　极坐标法测设点位

$$D_{AP}=\sqrt{(x_P-x_A)^2+(y_P-y_A)^2}$$

$$\alpha_{AB}=\arctan\frac{y_B-y_A}{x_B-x_A}=\arctan\frac{\Delta y_{AB}}{\Delta x_{AB}}$$

$$\alpha_{AP}=\arctan\frac{y_P-y_A}{x_P-x_A}=\arctan\frac{\Delta y_{AP}}{\Delta x_{AP}}$$

$$\beta=\alpha_{AP}-\alpha_{AB}$$

（2）安置经纬仪于 A 点，瞄准 B 点；顺时针方向测设 β 角定出 AP 方向，由 A 点沿 AP 方向用钢尺测设水平距离 D_{AP}，即得 P 点。

［例 7—4］ 如图 7—5 所示，M、N 点是现场已有的测量控制点，其坐标为已知；1、2、3、4 是建筑方格网上的四个角点，并且拟建建筑物轴线与建筑方格网平行；1、2 点为待测设的点，其坐标为已知的设计坐标。试用极坐标法定位方格网上的 1、2 两个角点。

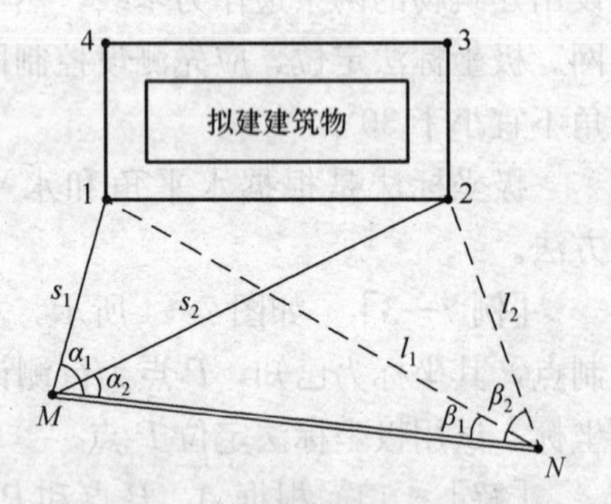

图 7—5　极坐标法定位

［解］

（1）根据建筑物各点坐标计算出控制网各点的坐标及边长。

（2）根据 1、M、N 三点坐标计算出角 α_1 和 1、M 两点间的距离 S_1，根据 2、M、N 三点坐标计算出角 α_2 和 2、M 两点间的距离 S_2。

（3）将仪器置于 M 点，后视 N 点，测设角 α_2，在视线方向自 M 点量取 S_2，定出 2 点；再测 α_1 角，在视线方向自 M 点量取 S_1，定出 1 点。这时，矩形网的一条边就测出来了。

（4）校核方法：直接丈量 1、2 点间的距离，若符合设计边长，误差在允许范围内，则可以 1 点为依据改正 2 点的位置。因为 $\alpha_1>\alpha_2$，$s_1<s_2$，所以 1 点的相对精度较高。

还可采用测角的方法校核。根据 M、N、1 三点的坐标，计

算出角 β_1 和 1、N 两点间的距离 l_1。根据 M、N、2 三点的坐标计算出角 β_2 和 2、N 两点间的距离 l_2。将仪器置于 N 点，后视 M 点，测设角 β_1，量取 l_1 定出 1 点；测设角 β_2，量取 l_2 定出 2 点。两次测得的 1、2 两点如果不重合，再实际丈量，改正两点间的距离。

（5）以改正后的 1、2 两点为基线，用测直角的方法建立建筑物控制网。

［例 7—5］ 如图 7—6 所示，M、N 点是现场已有的测量控制点，1、2 点为待测设的点，其坐标为已知的设计坐标。M 点与 1、2 点不通视。各点坐标见表 7—2，矩形网边长 162.740 m，边宽 42.740 m，用极坐标法定位 1、2 两个角点。

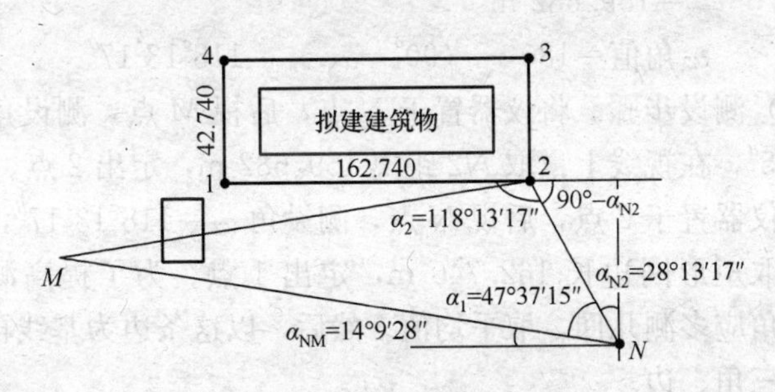

图 7—6　极坐标定线法定位

表 7—2　　　　　　**定位坐标数据**

点位	A	B
M	698.230	512.100
N	598.300	908.250
1	739.000	670.000
2	739.000	832.740

［解］ 测站选在 N 点，具体测设步骤如下：

（1）计算观测角和丈量距离。各项计算顺序按观测顺序进行。

N_2坐标角

$$\tan\alpha_{N2}=\frac{908.250-832.740}{739.000-598.300}=0.536\ 674$$

$$\alpha_{N2}=28°13'17''$$

MN 坐标角

$$\tan\alpha_{NM}=\frac{698.230-598.300}{908.250-512.100}=0.252\ 25$$

$$\alpha_{NM}=14°09'28''$$

$$MN2\ 夹角\ \alpha_1=90°-\alpha_{N2}-\alpha_{NM}=90°-28°13'11''-14°09'28''$$
$$=47°37'15''$$

$$N2\ 距离=\sqrt{(908.25-832.74)^2+(739.00-598.30)^2}$$
$$=159.682\ m$$

$$\alpha_2 角值=180°-(90°-\alpha_{N2})=118°13'17''$$

（2）测设步骤。将仪器置于 N 点，后视 M 点，测设角 $\alpha_1=47°37'15''$，在视线上量取 $N2$ 距离 159.682 m，定出 2 点。

将仪器置于 2 点，后视 N 点，测设角 $\alpha_2=118°13'17''$，在视线上量取矩形网边长 162.740 m，定出 1 点。为了提高测量精度，每角应多测几回，取平均值。然后，以这条边为基线再推测出其他三角、边。

3. 角度交会法定位

角度交会法定位是利用两个以上测站测设角度所定的方向线交会出点的平面位置的定位方法。角度交会法适于控制点距离较远、场区有障碍物，或丈量有困难时的定位测量。

[例 7—6]　如图 7—7 所示，A、B 点是现场已有的测量控制点，其坐标为已知，P 点为待测设的点，其坐标为已知的设计坐标。试用极坐标法定位 P 点。

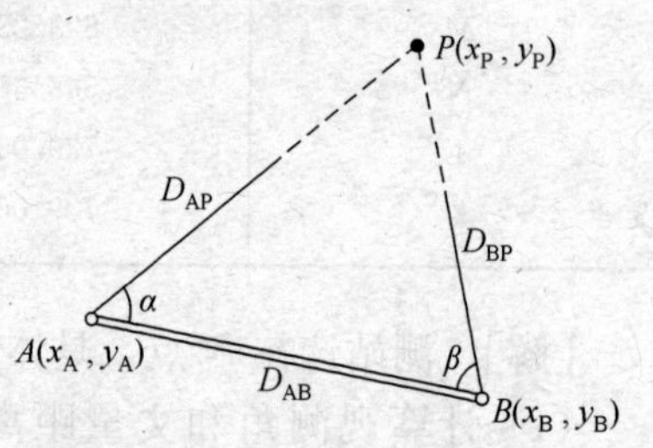

图 7—7　角度交会法测设点位

[解]　具体定位方法如下：

（1）根据 A、B 点和 P 点坐标计算测设数据交会角 α 和交会角 β。

1）根据 A、B 点和 P 点坐标，分别计算出△ABP 的三条边长：

$$D_{AP}=\sqrt{(x_P-x_A)^2+(y_P-y_A)^2}$$

$$D_{BP}=\sqrt{(x_P-x_B)^2+(y_P-y_B)^2}$$

$$D_{AB}=\sqrt{(x_B-x_A)^2+(y_B-y_A)^2}$$

2）根据斜三角形的边长关系，利用余弦定理 $a^2=b^2+c^2-2bc\cos A$，如图 7—8 所示，求出交会角 α 和交会角 β。

$$\alpha=\text{arc cos}=\frac{D_{AP}{}^2+D_{AB}{}^2-D_{BP}{}^2}{2D_{AP}D_{AB}}$$

$$\beta=\text{arc cos}=\frac{D_{AB}{}^2+D_{BP}{}^2-D_{AP}{}^2}{2D_{AB}D_{BP}}$$

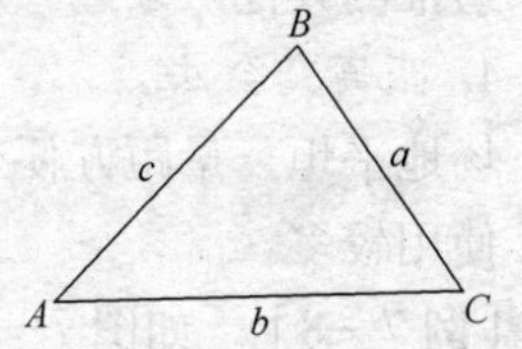

图 7—8　斜三角形的边长关系

（2）在 A、B 点各安置一台经纬仪，分别测设角 α 和角 β，所测出的 AP 与 BP 方向的交点即为 P 点。

［**例 7—7**］　如图 7—9 所示，M、N 点是现场已有的测量控制点，其坐标为已知；1、2、3、4 是建筑方格网上的四个角点，并且拟建建筑物轴线与建筑方格网平行；1、2 点为待测设的点，其坐标为已知的设计坐标。试用角度交会法测设定位方格网上的 1、2 两个角点。

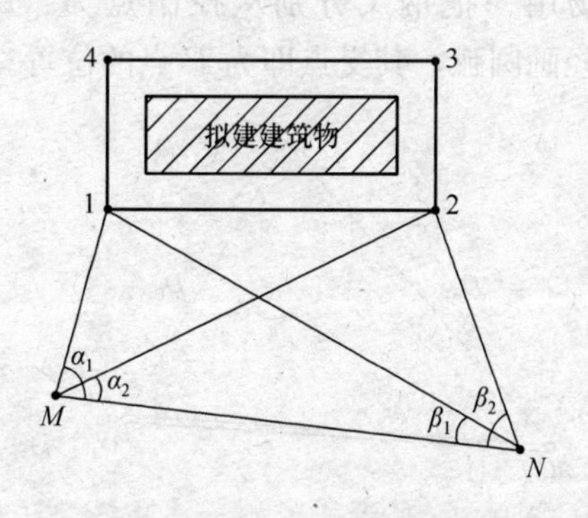

图 7—9　角度交会法定位

［解］ 具体定位方法如下：

（1）计算出厂房矩形网控制桩坐标和观测角 α_1、α_2、β_1、β_2 的数值。

（2）将两架经纬仪分别置于 M、N 点。先分别测设角 α_1 和角 β_1，在两架经纬仪视线的交点处，定出 1 点。再分别测设角 α_2 和角 β_2，在两架经纬仪视线交点处，定出 2 点。然后，实际丈量 1、2 两点间的距离，如果误差在允许范围内，则从两端改正两点间的距离。改正后的 1、2 点连线就是控制网的基线边。再以这条边推测其他三条边。角度交会法的优点是不用量距。

4. 距离交会法

场地平坦、量距方便、控制点离测设点不超过一尺段长度时，使用较多。

［例 7—8］ 如图 7—10 所示，A、B 两个控制点，其坐标已知；P 点是待测设点，其设计坐标已知。试用距离交会法定位 P 点。

［解］ 具体定位方法如下：

（1）根据 A、B 点和 P 点坐标，计算测设水平距离 D_{AP}、D_{AB}。

$$D_{AP}=\sqrt{(x_P-x_A)^2+(y_P-y_A)^2}$$

$$D_{BP}=\sqrt{(x_P-x_B)^2+(y_P-y_B)^2}$$

（2）在现场用一把钢尺分别从控制点 A、B 以水平距离 D_{AP}、D_{BP} 为半径画圆弧，其交点即为 P 点的位置。

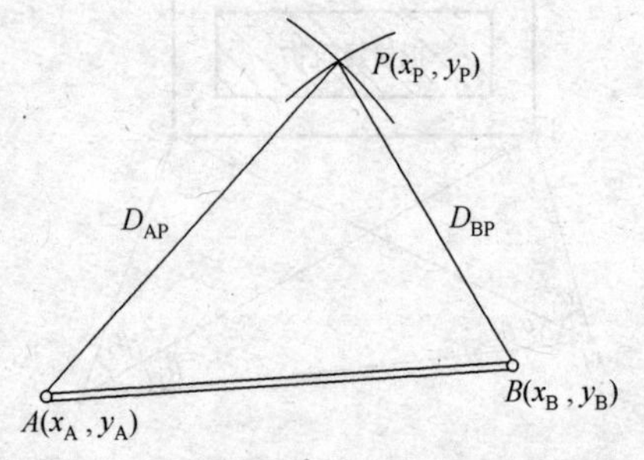

图 7—10 距离交会法测设点位

模块三　基础施工测量

一、龙门板的应用及基槽开挖深度控制

建筑物放线是指根据定位的主轴线桩（即角桩），详细测设其他各轴线交点的位置，并用木桩（桩顶钉小钉，称为中心桩），标定出来，并据此按基础宽和放坡宽用石灰撒出基槽，开挖边线。

由于开挖基槽时中心桩要被挖掉，因此，在基槽外各轴线延长线的两端应钉轴心控制桩（也叫保险桩或引桩），以此作为开槽后各阶段施工中恢复轴线的依据。控制桩一般钉在槽边外 2～4 m 不受施工干扰，并便于引测和保存桩位的地方。如果附近有建筑物，也可把轴线投测到建筑物上，并用红油漆做出标志。

1. 龙门板的应用

在一般民用建筑施工中，为了便于施工，常在基槽外一定距离处钉设龙门板，如图 7—11 所示。钉设龙门板的具体步骤和要求如下：

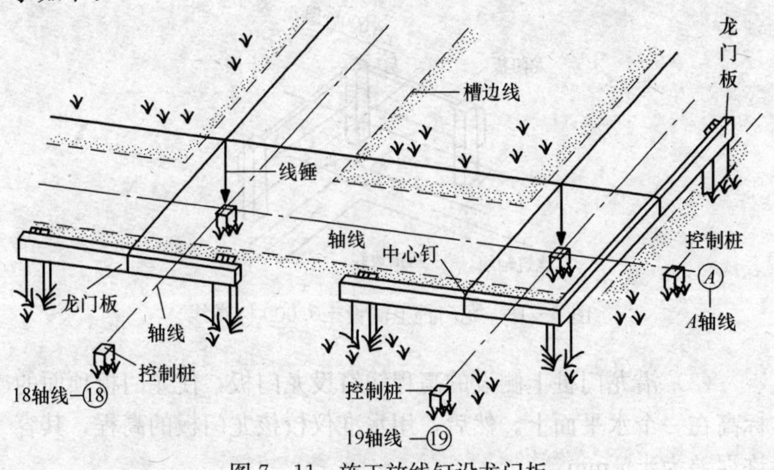

图 7—11　施工放线钉设龙门板

（1）在建筑物四角和隔墙两端基槽外1～1.5 m处（根据土质和槽深确定）钉设龙门桩，如图7—12所示。桩要竖直、牢固，木桩侧面应与基槽平行。

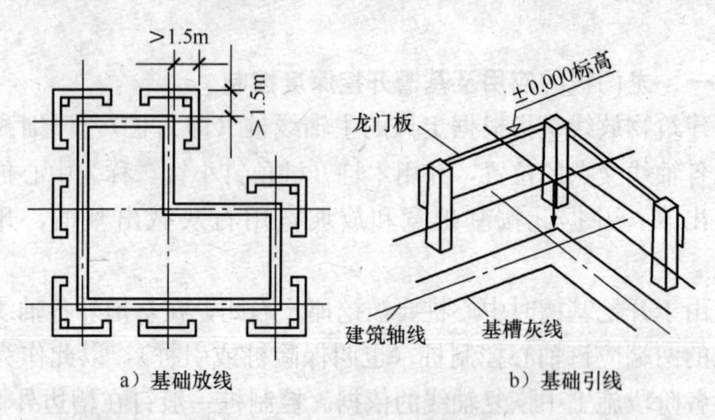

图7—12　用龙门板放线

（2）根据附近水准点，用水准仪在每个龙门桩上测设±0.000标高线，并做出标志，如图7—13所示。现场条件受限时，可测设比±0.000高或低整分米数的标高线，但同一建筑物最好只选用一个标高。

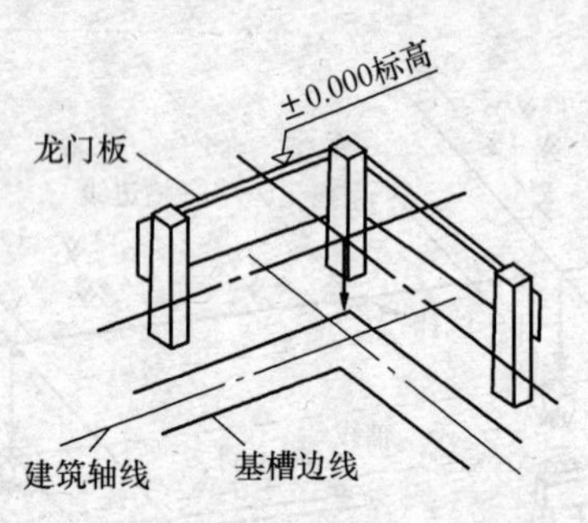

图7—13　龙门桩上测设±0.000标高线

（3）沿龙门桩上测设的高程线钉设龙门板，使龙门板顶面的标高在一个水平面上。然后，用水准仪校核龙门板的高程，其容许误差为±5 mm。

（4）根据轴线桩，用经纬仪把各轴线引测到龙门板顶面上，并钉上小钉做标志（称为轴线钉），其容许误差为±5 mm。

（5）用钢尺沿龙门板顶面检查轴线钉的间距，其相对误差不应超过1/2 000。校核后，以轴线钉为准，把墙宽、基槽宽标在龙门板上，最后，根据基槽上口宽拉线撒出基槽，开挖边线。

龙门板可以控制±0.000以下的标高和地槽宽、基础宽、墙身宽，并使上述的放线工作能集中进行，标志明显、便于使用。但它用料多、占用场地、不易保存、容易碰动，因此，现多采用引桩。

龙门板或引桩钉完后，按照基础大样图上的基槽宽度和上口放坡的尺寸，由桩中心向两边各量出相应的尺寸，并在量出的尺寸处画上记号，然后，在记号处拉通白线，在白线的位置上撒白灰，挖土就可按此划出的范围进行施工。

2. 基槽开挖深度控制

为了控制基槽的开挖深度，当基槽挖到一定深度后，应用水准仪在基槽壁上，每隔2～3 m和拐角处，设置一些水平的小木桩（称水平腰桩也称平水桩）。

如图7—14所示，建筑物槽底标高为－1.500 m；在基槽两壁上，钉水平桩的标高为－1.200 m，那么，从木桩的上表面向下量0.300 m，即为槽底的位置。这些木桩便可作为清理槽底和打垫层的依据。木桩的标高，不必再从水准点引测，一般以龙门板的标高为准进行引测就可以了，如图7—15所示。标高点的测量容许误差为±10 mm。

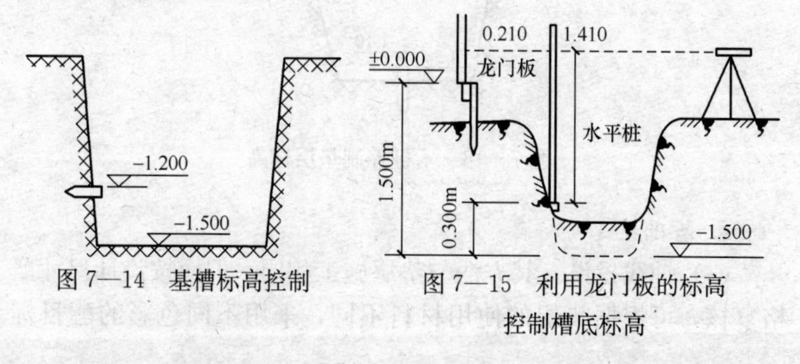

图7—14　基槽标高控制　　图7—15　利用龙门板的标高控制槽底标高

土方挖完后，应利用引桩和龙门板，复核基槽宽度和标高，合格后，方能进行垫层施工。在垫层施工时，最好提前在一些需要立基础皮数杆的地方钉入木桩。

二、基础施工抄平、放线

1. 垫层施工

（1）轴线投设。引测方法一般是在两头引桩的顶上的铁钉处拉通线，然后，用线锤挂在通线上，往下垂到槽底，根据需要垂若干点，如图 7—16 所示，并用小钉打入土内，做临时标志，以平行线推移法定出垫层边线。当大型基坑或建筑物的精度要求较高时，可用经纬仪投点，如图 7—17 所示。

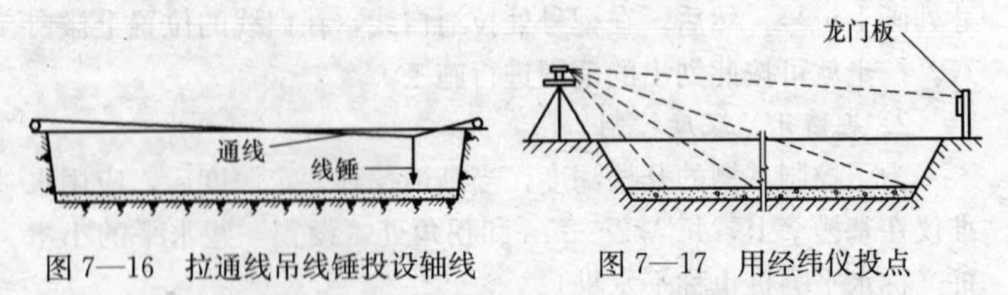

图 7—16　拉通线吊线锤投设轴线　　图 7—17　用经纬仪投点

（2）垫层标高可以通过在槽壁弹线，或者在槽底楔入小木桩进行控制，如图 7—18 所示。如果垫层需要支模，可以直接在模板上弹出控制线。

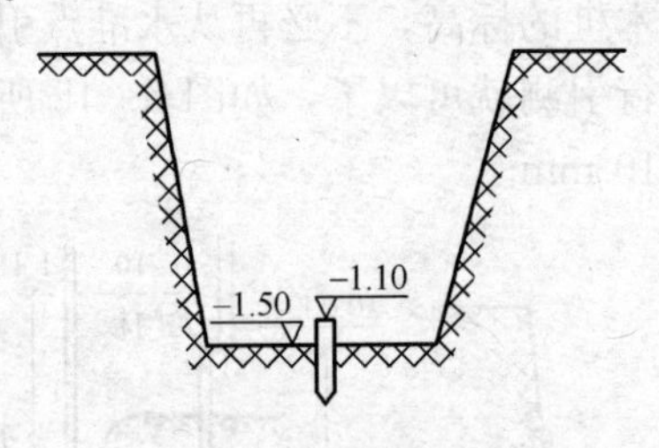

图 7—18　木桩控制垫层标高

2. 基础施工

（1）轴线投设。其方法与垫层施工相同，但应按设计尺寸严格复核，可根据垫层的使用材料不同，采用不同色彩的醒目标志。例如，系混凝土垫层用墨斗弹示，沥青、砂浆垫层用红白土粉弹示。

(2) 标高控制。例如，系混凝土基础，以木模板控制，如果是砖基础，则可设置皮数杆控制。

3. 基础皮数杆设置

基础皮数杆由方木制成，钉在预先埋置的桩上，在方木上按设计标高画出 ±0.000 m 的标高线，以此从上往下画出砖以及砖缝的厚度，直到垫层。在皮数杆上一般均注有防潮层、过梁以及沟洞等的标高，如图 7—19 所示。

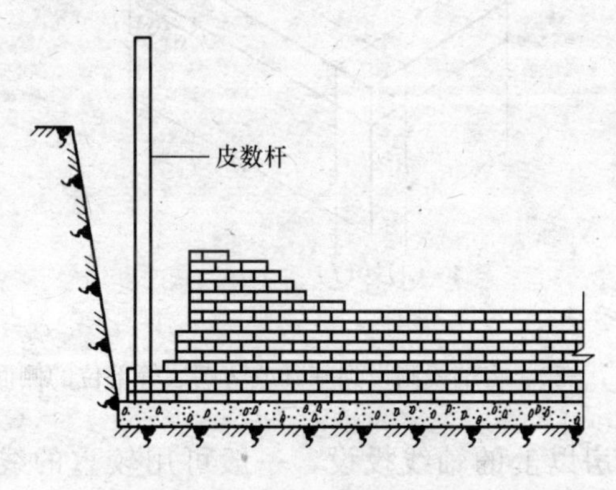

图 7—19 立基础皮数杆

模块四 墙身施工测量

一般当基础工程完成后，就要组织基础土方和室内地坪的回填或大略整平，这样，就给各项工作，创造了有利的条件。测量工作也应立即抓紧时机进行抄平、放线，以避免因测量赶不上施工进度，而耽误墙身的砌筑。

一、轴线投设

在基槽土方开挖和基础施工时，由于土方堆集和材料的搬运等原因，可能碰到控制桩致使其挪位。因此，在基础工程结束后，应对控制桩进行认真的复核检查。无误后，才可利用控制桩，将轴线测设到基础或防潮层等部位的侧面。如图 7—20 所示，标上“中”字轴线或中心线标记，写上轴线编号，这样，就确定了上部砌体的轴线位置，同时，在正常情况下，也代替了控制桩的作用。

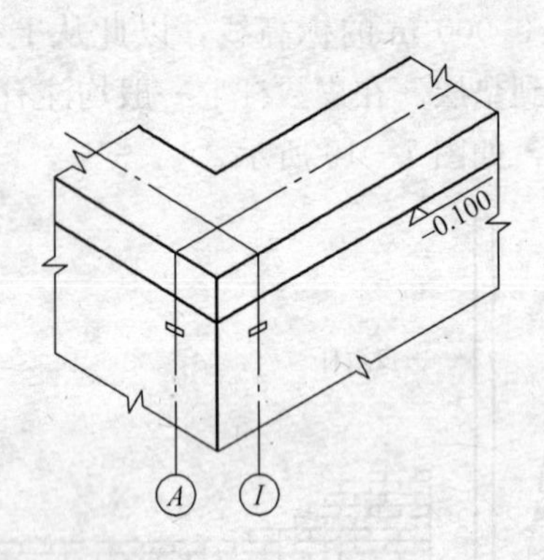

图 7—20　将轴线测设到基础或防潮层等部位的侧面

两层楼房以上的轴线投设，一般可用较重的线锤，以墙基轴线标志为准向上引测。也可用经纬仪引测，方法是将经纬仪架设在轴线方向的延长线上（距离要适当），以仪器十字丝的中点瞄准墙基轴线标志，用正、倒镜取中的方法，将轴线引测到所需的位置。以此法定出各纵横轴线的两端点，即为楼层平面放线的依据（投点容许误差为±5 mm）。楼层平面放线时，应采用中间轴线放线的方法，即在建筑物的纵横方向，各取一条中间轴线为主轴线，在楼层平面上组成直角坐标，并以此作为楼层平面各轴线尺寸的控制（其误差不得大于 1/2 000）。

在放线的同时，也应弹出门、窗、洞口及墙身宽度、墙垛等的墨线。

二、标高控制

建筑物的标高，主要是通过皮数杆进行控制和传递的。如果采用外脚手架，皮数杆应立在墙里侧，且各立杆处的标高必须一致。当多层建筑物砌筑时，皮数杆应立在楼地面的混凝土地板上。如果采用里脚手架，皮数杆应立在墙外侧，钉在预埋的木桩上，也可采用线杆卡子固定在墙上。多层建筑物的皮数杆，可以直接往上延伸。无论单层和多层建筑物的砌筑，都应在砌完该层一步架后，用水准仪在室内墙面上定出比楼地面设计标高高 0.500 m 的标高线，并弹墨线标明，以此作为该层地面施工、室内装修以及其他工序掌握标高的依据。在定此标高线时，应和皮数杆的标高保持一致，并应进行核查。

标高的传递和控制，还可以利用钢尺直接丈量，即把钢尺的零端，对准一定数值的标高控制线，向上量取所需数值即可。也可以在楼梯间处吊钢尺读取读数，利用水准测量原理把标高传递上去。但应注意，利用钢尺传递和控制标高时，钢尺一定要处于铅垂方向。

三、皮数杆的设置

墙身皮数杆应立在建筑物的拐角和隔墙处，如图 7—21 所示。

皮数杆上不仅要画上每层砖和灰缝的厚度，还要画上门、窗、过梁、预留孔洞、楼板等的位置和尺寸大小。

皮数杆的画法，主要根据施工剖面图进行。画皮数杆有两种方法：一种是按砖的标准厚度（砖的平均厚度）及灰缝的大小画成整皮数，门窗口及预留孔的标高可以稍有调整，但这种方法必须得到施工负责人的同意；一种是在各部标高均不容许变动的情况下，可调整灰缝的大小，以凑成整皮数。皮数杆钉好后，应用水准仪进行检验，其测量的容许误差为±3 mm。例如，系框架或钢筋混凝土柱及钢柱间砌砖时，每层皮数可直接画在构件上，而不必立皮数杆。

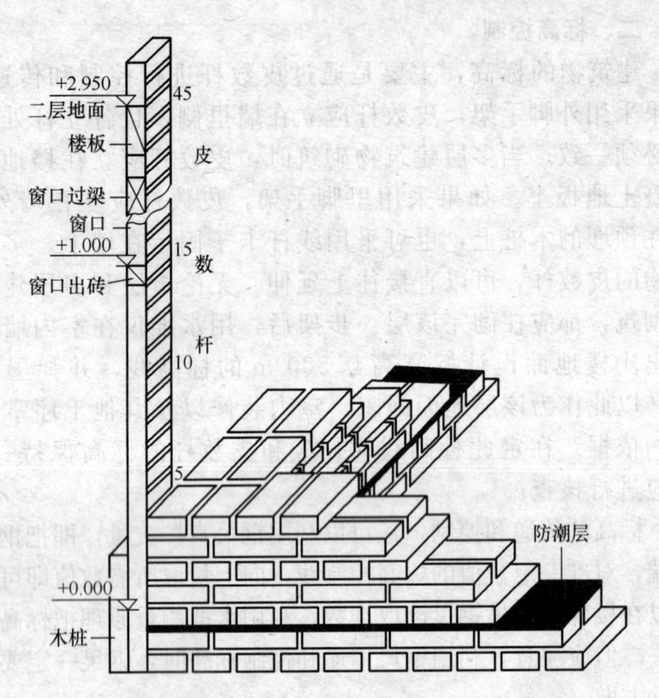

图 7—21　在建筑物的拐角和隔墙处立墙身皮数杆

模块五　高层建筑的轴线投测和高程传递

当高层建筑的地下部分完成后，首先，应根据施工方格网校测建筑物主轴线控制桩，并将各轴线测设到做好的地下结构顶面和侧面，然后，应根据原有的±0.000 水平线，将±0.000 标高（或某整分米数标高）也测设到地下结构顶部的侧面上，这些轴线和标高线，是进行首层主体结构施工的定位依据。

一、高层建筑的轴线投测

随着结构的升高，要将首层轴线逐层往上投测，并以此作为施工的依据。这时，建筑物主轴线的投测最为重要，因为，它们是各层放线和结构垂直度控制的依据。随着高层建筑物设计高度的增加，施工中对竖向偏差的控制要求也越来越高，因此，轴线竖向投测的精度和方法必须与其适应，以保证工程质量。

有关规范对于不同结构的高层建筑施工的竖向精度有不同的要求，见表 7—3（H 为建筑总高度）。为了保证总的竖向施工误差不超限，层间垂直度测量偏差不应超过 3 mm，建筑全高垂直度测量偏差不应超过 $3H/10000$，且有以下要求：

30 m$<H\leqslant$60 m 时，±10 mm；

60 m$<H\leqslant$90 m 时，±15 mm；

90 m$<H$ 时，±20 mm。

表 7—3　　高层建筑竖向及标高施工偏差限差

结构类型	竖向施工偏差限差（mm）		标高偏差限差（mm）	
	每层	全高	每层	全高
现浇混凝土	8	H/1 000（最大 30）	±10	±30
装配式框架	5	H/1 000（最大 20）	±5	±30
大模板施工	5	H/1 000（最大 30）	±10	±30
滑模施工	5	H/1 000（最大 50）	±10	±30

下面介绍几种常见的投测方法。

1. 经纬仪法

当施工场地比较宽阔时，可使用此法进行竖向投测。如图 7—22 所示，安置经纬仪于轴线控制桩上，并严格对中整平，盘左照准建筑物底部的轴线标志，往上转动望远镜，用其竖丝指挥在施工层楼面边缘上画一点，然后，盘右再次照准建筑物底部的轴线标志，用同样的方法在该处楼面边缘上画出另一点，取两点的中间点作为轴线的端点。其他轴线端点的投测与该点投测方法相同。

当楼层建的较高时，经纬仪投测时的仰角较大，操作不方便，误差也较大，此时，应将轴线控制桩用经纬仪引测到远处

（大于建筑物高度）稳固的地方，然后，继续往上投测。如果周围场地有限，也可引测到附近建筑物的房顶上。如图 7—23 所示，先在轴线控制桩 A_1 上安置经纬仪，照准建筑物底部的轴线标志，并将轴线投测到楼面上 A_2 点处，然后，在 A_2 上安置经纬仪，照准 A_1 点，并将轴线投测到附近建筑物屋面上 A_3 点处，然后，就可在 A_3 点安置经纬仪，投测更高楼层的轴线。注意，上述投测工作均应采用盘左盘右取中法进行，以减少投测误差。

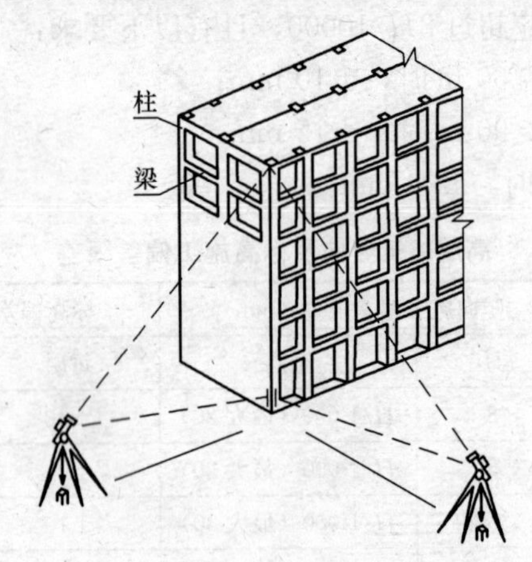

图 7—22　经纬仪轴线竖向投测

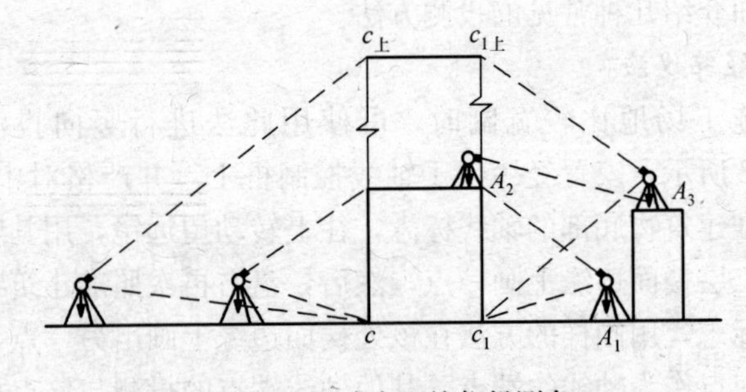

图 7—23　减小经纬仪投测角

所有主轴线投测上来后，应进行角度和距离的检核，合格后，再以此为依据测设其他轴线。

2. 吊线锤法

当周围建筑物密集，施工场地窄小，无法在建筑物以外的轴线上安置经纬仪时，可采用此法进行竖向投测。该法与一般的吊锤线法的原理是一样的，只是线锤的重量更大，吊线（细钢丝）的强度更高。此外，为了减少风力的影响，应将吊线锤的位置放在建筑物内部。

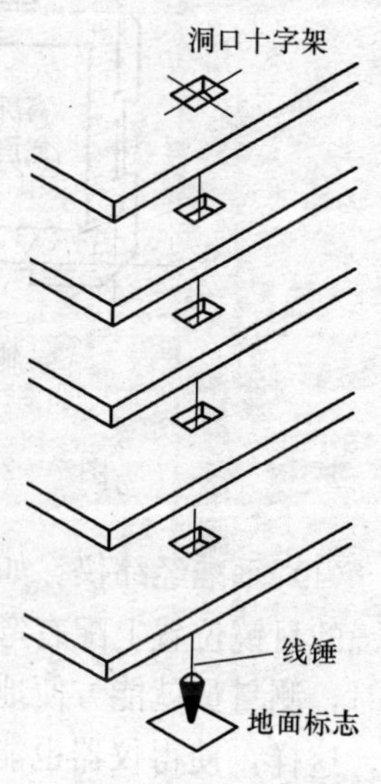

图 7—24 吊线坠法投测

如图 7—24 所示，首先应在首层地面上埋设轴线点的固定标志，轴线点之间应构成矩形或十字形等，以此作为整个高层建筑的轴线控制网。各标志的上方每层楼板都应预留孔洞，供线锤通过。投测时，在施工层楼面上的预留孔上安置挂有吊线锤的十字架，慢慢移动十字架，当线锤尖静止地对准地面固定标志时，十字架的中心就是应投测的点，在预留孔四周做上标志即可，标志连线交点即为从首层投上来的轴线点。同理可测设其他轴线点。

使用吊线锤法进行轴线投测，经济、简单又直观，精度也比较可靠，但投测费时费力，正逐渐被下面所述的垂准仪法所替代。

3. 垂准仪法

垂准仪法是指利用能提供铅直向上（或向下）视线的专用测量仪器，进行竖向投测。常用的仪器有垂准经纬仪、激光经纬仪和激光垂准仪等。用垂准仪法进行高层建筑的轴线投测具有占地小、精度高、速度快的优点，在高层建筑施工中用得越来越多。

垂准仪法需要事先在建筑底层设置轴线控制网，建立稳固的轴线标志，在标志上方每层楼板都应预留孔洞（大于 15 cm×15 cm），供视线通过，如图 7—25 所示。

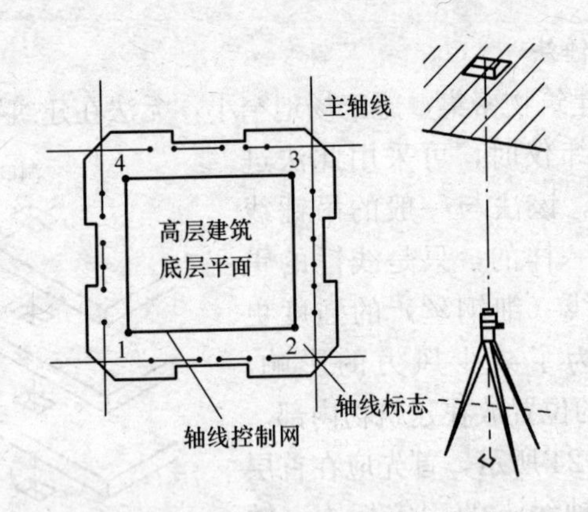

图 7—25　轴线控制桩与投测孔

(1) 垂准经纬仪。如图 7—26a 所示，该仪器的特点是在望远镜的目镜位置上配有弯曲成 90°的目镜，当仪器铅直指向正上方时，测量员就能方便地进行观测。此外，该仪器的中轴是空心的，这样，使得仪器也能观测正下方的目标。

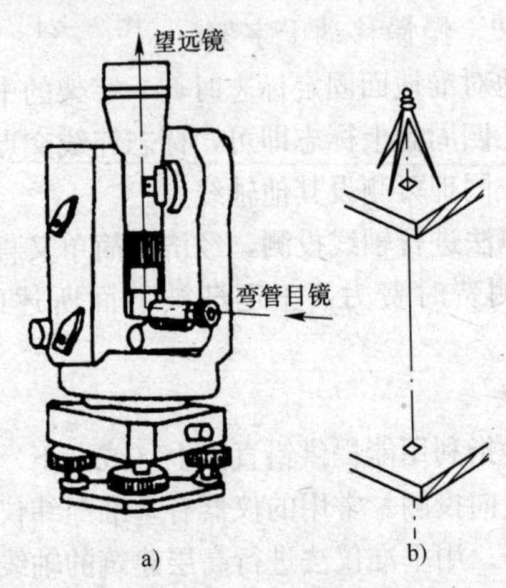

图 7—26　垂准经纬仪

使用时，应将仪器安置在首层地面的轴线点标志上，并严格对中整平，由弯管目镜观测，当仪器水平转动一周时，若视线一直指向一点上，则说明视线方向处于铅直状态，可以向上投测。投测时，视线通过楼板上预留的孔洞，将轴线点投测到施工层楼板的透明板上定点。为了提高投测精度，应将仪器照准部水平旋转一周，在透明板上投测多个点，这些点应构成一个小圆，然后，取小圆的中心作为轴线点的位置。按照同样的方法用盘右再投测一次，取两次的中点作为最后结果。由于投测时仪器安置在施工层下面，因此，在施测过程中要注意对仪器和人员的安全采取保护措施，防止落物击伤。

如果把垂准经纬仪安置在浇筑后的施工层上，将望远镜调成铅直向下的状态，视线通过楼板上预留的孔洞，照准首层地面的轴线点标志，也可将下面的轴线点投测到施工层上来，如图 7—26b 所示。这种法较安全，也能保证精度。

垂准经纬仪竖向投测方向观测中误差不大于±6″，即 100 m 高处投测点位误差为±3 mm，相当于约 1/30 000 的铅垂度，能满足高层建筑对竖向的精度要求。

（2）激光经纬仪。如图 7—27 所示，为装有激光器的苏州第一光学仪器厂生产的 JZ - JDE 激光经纬仪，它是在望远镜筒上安装一个氦氖激光器，用一组导光系统把望远镜的光学系统联系起来，组成激光发射系统，再配上电源，便做成了激光经纬仪。为了测量时观测目标方便，激光束进入发射系统前设有遮光转换开关。遮去发射的激光束，就可在目镜（或通过弯管目镜）处观测目标，而不必关闭电源。

激光经纬仪一般用于高层建筑轴线竖向投测，其投测方法与配弯管目镜的经纬仪是一样的，只不过是用可见激光代替人眼观测。投测时，在施工层预留孔中央设置用透明聚酯膜片绘制的接收靶，在地面轴线点处对中整平仪器，启动激光器，调节望远镜调焦螺旋，使投射在接收靶上的激光束光斑最小，然后，水平旋转仪器，检查接收靶上光斑中心是否始终在同一点，或画出一个很小的圆圈，以保证激光束铅直，最后，移动接收靶使其中心与光斑中心或小圆圈中心重合，将接收靶固定，则靶心即为欲投测的轴线点。

(3) 激光垂准仪。如图 7—28 所示，DJJ2 激光垂准仪，主要由氦氖激光器、竖轴、水准管、基座等部分组成。

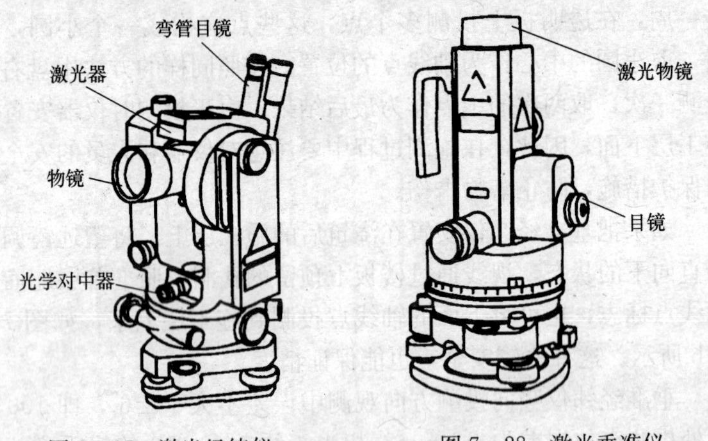

图 7—27 激光经纬仪　　图 7—28 激光垂准仪

激光垂准仪用于高层建筑轴线竖向投测时，其原理和方法与激光经纬仪基本相同，主要区别在于对中方法。激光经纬仪一般采用光学对中器，而激光垂准仪是通过激光管尾部射出的光束进行对中。

二、高层建筑的高程传递

高层建筑各施工层的标高，是由底层±0.000 标高线传递上来的。高层建筑施工的标高偏差限差，见表 7—3。

1. 用钢尺直接测量

一般用钢尺沿结构外墙、边柱或楼梯间，由底层±0.000 标高线向上竖直量取设计高差，即可得到施工层的设计标高线。用这种方法传递高程时，应至少由三处底层标高线向上传递，以便于相互校核。由底层传递到上面同一施工层的几个标高点，必须用水准仪进行校核，检查各标高点是否在同一水平面上，其误差应不超过±3 mm。合格后，以其平均标高为基准，并以此作为该层的地面标高。若建筑高度超过一尺段（30 m 或 50 m），可每隔一个尺段的高度，精确测设新的起始标高线，并以此作为继续向上传递高程的依据。

2. 悬吊钢尺法

在外墙或楼梯间悬吊一根钢尺，分别在地面和楼面上安置水准仪，将标高传递到楼面上。用于高层建筑传递高程的钢尺，应经过检定，量取高差时，尺身应铅直和用规定的拉力。

模块六　厂房安装测量

工业厂房一般多采用预制构件在现场安装的方法进行施工，装配式钢筋混凝土结构单层厂房构件组成，如图 7—29 所示。

一、柱子的安装测量

1. 柱基础测量

柱基础测量主要是根据厂房平面图把柱基纵横轴线测设到地面上，如图 7—30 所示，并根据基础图放出柱基挖土边线。

当基坑挖到一定深度后，应用水准仪在坑壁四周离坑底设计标高 0.3～0.5 m 处测设几个水平桩，如图 7—31 所示，以此作为检查坑底标高和打垫层的依据。浇筑垫层前，应用经纬仪把基础轴线测设到夯实的基坑底面上，并根据图样放出垫层位置。如果基坑较深，可用经纬仪在坑上口定点，并用线锤把纵横轴线投到坑底。

垫层浇筑养护后，根据柱基控制桩在垫层上放出基础中心线，并弹墨线标明，以此作为基础支模的依据。支模时，应注意使杯口底部比设计标高低 5 cm，以此作为抄平调整的余量。拆模后根据轴线控制桩，用经纬仪把定位轴线（或柱子中心线）投测到杯形基础顶面上，并用线油漆画上“▶”标志，以此作为柱子中心的定位线，如图 7—32 所示。同时，用水准仪在杯口内壁测设－0.6 mm 标高线（一般杯口顶面标高为－0.500 m），并画出“▼”标志，以此作为杯底找平的依据。

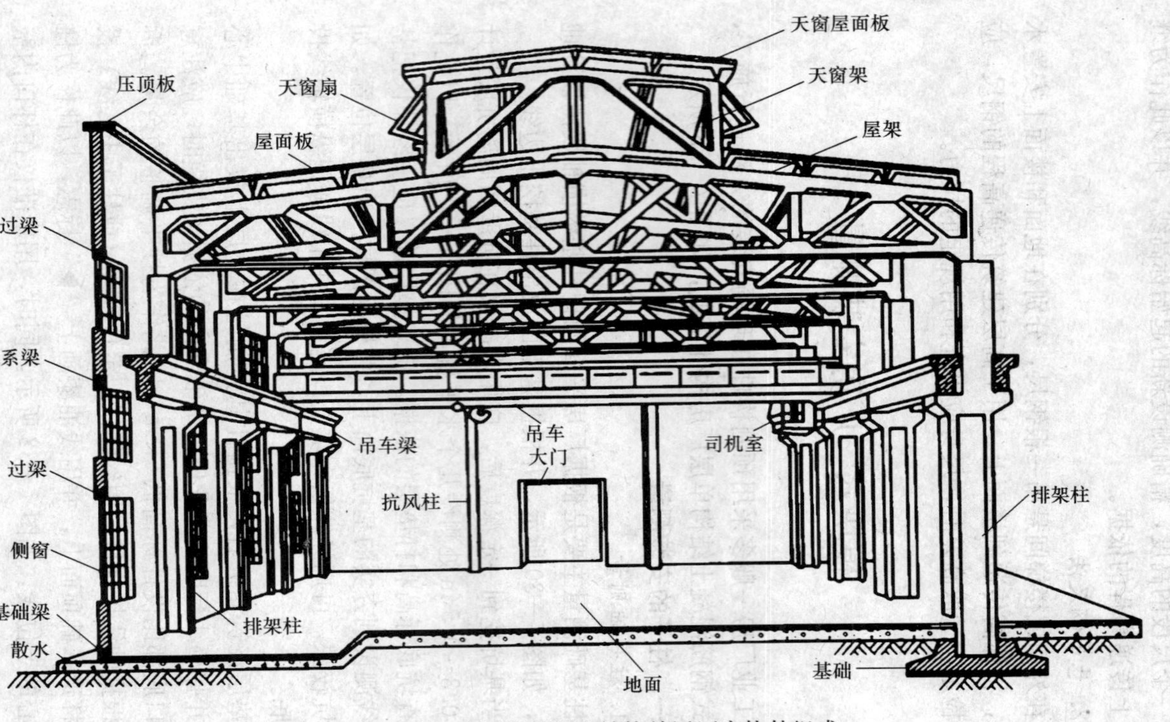

图 7—29　装配式钢筋混凝土结构单层厂房构件组成

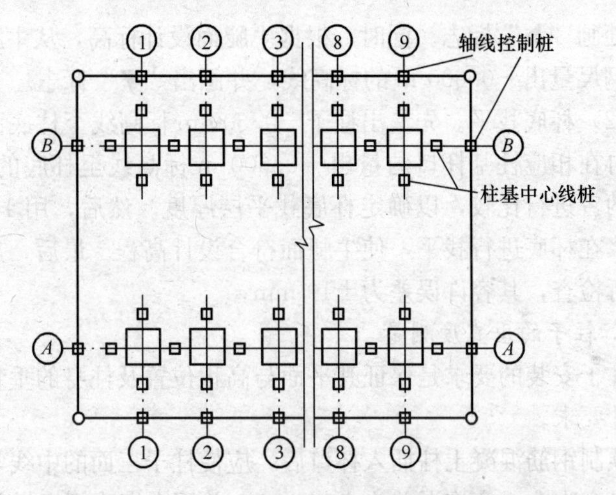

图 7—30　柱基纵横轴线测设

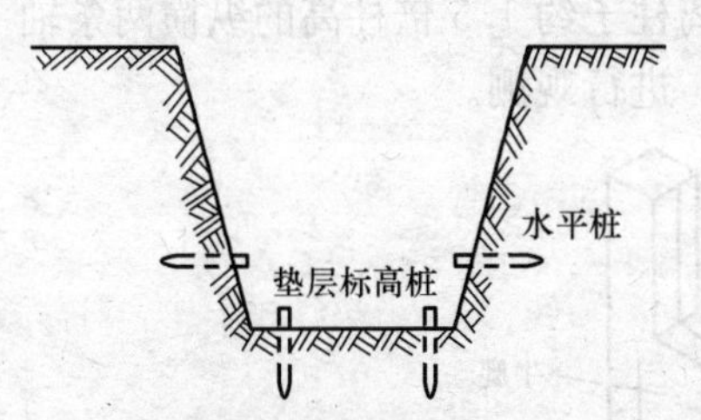

图 7—31　基坑标高测设

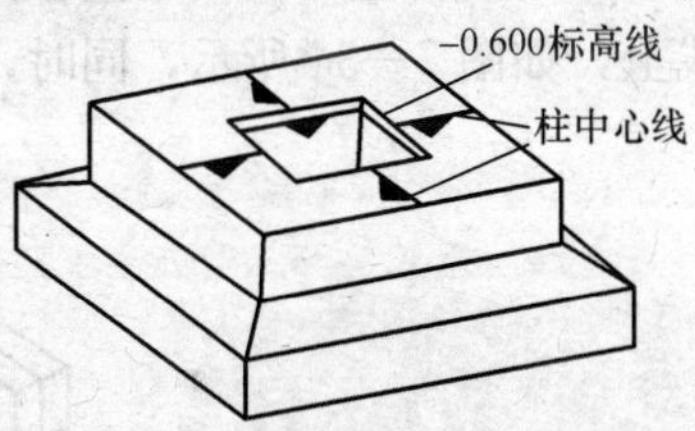

图 7—32　在杯形基础上确定柱子中心线及标高线

2. 柱子安装前的准备工作

(1) 弹柱子中心线和标高线。安装前，把每根柱子按轴线位置进行编号，并检查柱子尺寸是否符合图样要求（如柱高及断面尺寸、柱底到牛腿面的尺寸、牛腿面到柱顶的尺寸等），无误后才能进行弹线。如图 7—33 所示，在每根柱子的三个侧面上弹出柱中心线，并在每条线的上端和下端近

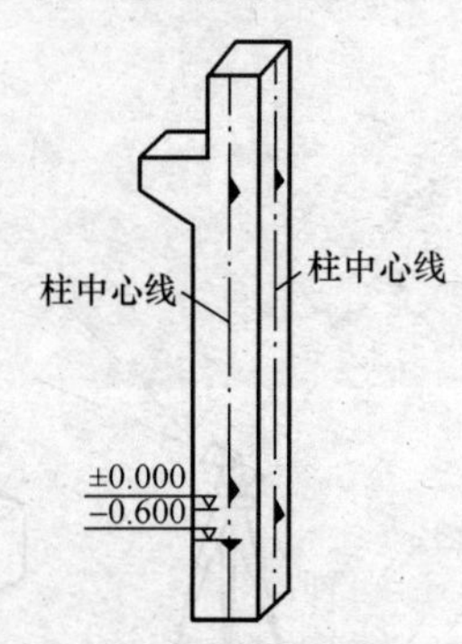

图 7—33　确定柱子中心线及标高线

杯口处画“▶”标志。同时，根据牛腿面设计标高，从牛腿面向下用钢尺量出－0.600 m 的标高线，并画出“▼”标志。

（2）杯底找平。先量出柱子－0.600 m 标高线至柱底面的高度，再在相应柱基杯口内量出－0.600 m 标高线至杯底的高度，并对两者进行比较，以确定杯底找平层厚度。然后，用 1∶2 水泥砂浆在杯底进行找平，使牛腿面符合设计高程。最后，用水准仪进行检查，其容许误差为±10 mm。

3. 柱子的垂直度测量

柱子安装的要求是保证其平面与高程位置及柱身的垂直度符合设计要求。

预制钢筋混凝土柱插入杯口后，应使柱子三面的中线与杯口中线对齐吻合（容许误差为±5 mm），并用木楔或钢楔做临时固定，再用两台经纬仪，安置在离柱子约 1.5 倍柱高的纵横两条轴线上，如图 7—34 所示，同时，进行观测。

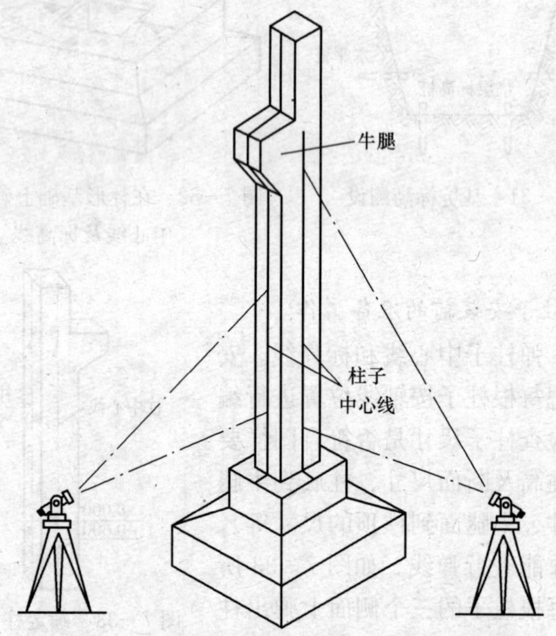

图 7—34　用两台经纬仪控制柱子的垂直度

经纬仪的十字丝，照准吊装观测垂直线，从下到上进行观测，如果有偏差，应指挥吊装人员用调节牵绳或支撑木杆等方法使柱身垂直，随即楔紧木楔、拉紧牵绳或顶紧支撑，然后，用细石混凝土进行第一次灌浆。经过一天后，再用经纬仪和水准仪进行垂直度和标高的检核，如果发现问题，应立即汇报施工负责人，及时处理，如果无偏差，即可进行第二次细石混凝土灌浆，作为最后固定。

柱子垂直度的容许误差，当柱高在 10 m 以内时为±10 mm，柱高超过 10 m 时，则为柱高的 1/1 000，但不得大于 25 mm。

对于较小、较短或精度要求不高的柱子，可用锤球进行校正。

二、吊车梁的安装测量

吊车梁的安装测量，主要是保证吊车梁的中心线位置和梁的标高满足设计要求。

1. 吊车梁安装时的中线测量

在给柱子弹中心线时，首先应在牛腿处定出吊车梁的中心线位置，吊装时，应使吊车梁的中心线和牛腿上的中心线对齐，如图 7—35 所示。

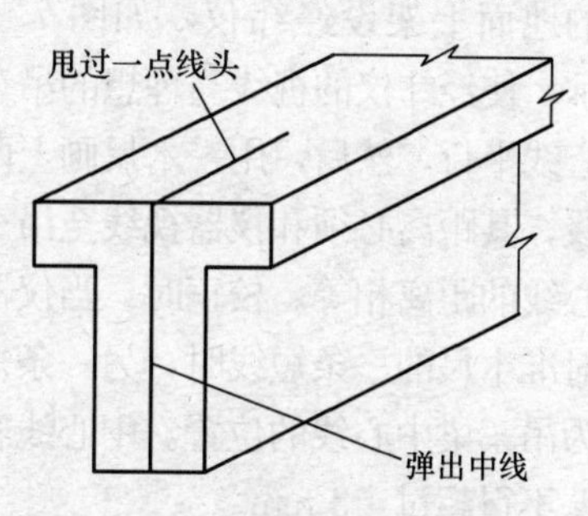

图 7—35　使吊车梁的中心线和牛腿上的中心线对齐

待一条柱列轴线上的吊车梁全部吊装完毕后，即可进行此条轴线上的吊车梁中心线的复核校正。校正方法有以下两种：

（1）通线法。根据控制桩严格检查厂房两端柱的中心线，以两端柱中心线量出吊车梁的中心线，检查是否和原吊车梁上所弹的中心线吻合，如果不吻合，则将两端吊车梁调整到正确位置；如果吻合，即可以两端点为准，拉上 16～18 号钢丝，钢丝两端各悬重物将钢丝拉紧，并以此线为准，校正中间各吊车梁的轴线，使每个吊车梁的中心线均在以钢丝为准的这条直线上，如图 7—36 所示。

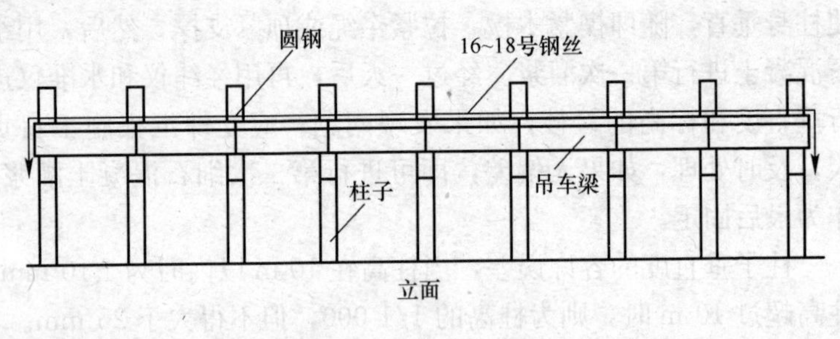

图 7—36　通线法测量吊车梁轴线

（2）平行轴线法。在厂房跨度一端，距吊车梁中心线约150 cm的地面上架设经纬仪，如图 7—37 所示，使经纬仪的视线与理想的吊车梁中心线平行，然后，用一木尺画上两道短线，其距离必须和仪器视线至吊车梁中心线的距离相等。校正时，当仪器视线对准木尺的一条短线时，另一条短线即为吊车梁中心线的位置。中心线容许误差不得超过±3 mm。

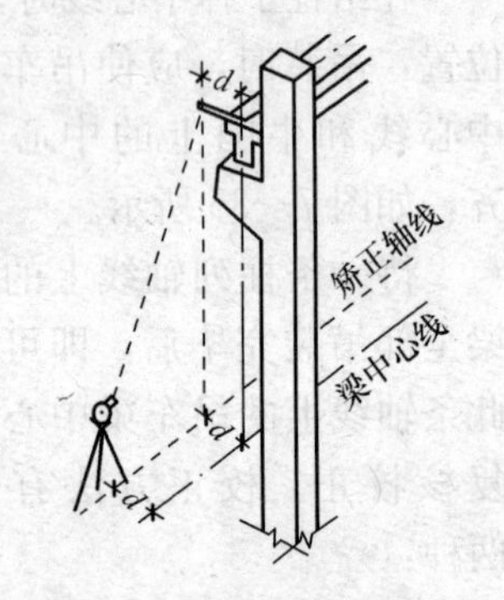

图 7—37　平移轴线法测量吊车轴线

吊车梁的标高，由于牛腿顶面已处于同一标高线上，而且牛腿侧面也有标高控制线，因此，误差不会太大，即使有微小的误差也可用砂浆进行找平。

2. 吊车梁安装时的标高、垂直度测量

吊车梁安装后，应检查吊车梁的标高。首先用水准仪在柱子侧面测出统一标高线，沿柱侧面向上量至梁面的高度，检查标高是否正确（容许误差为±5 mm）。当与设计不符时，应在梁下垫上铁垫板或用砂浆找平。

吊车梁安装的垂直度可用线锤矫正，吊车梁底部牛腿空隙处可用斜铁垫稳定，如图 7—38 所示，其容许误差为±5 mm。

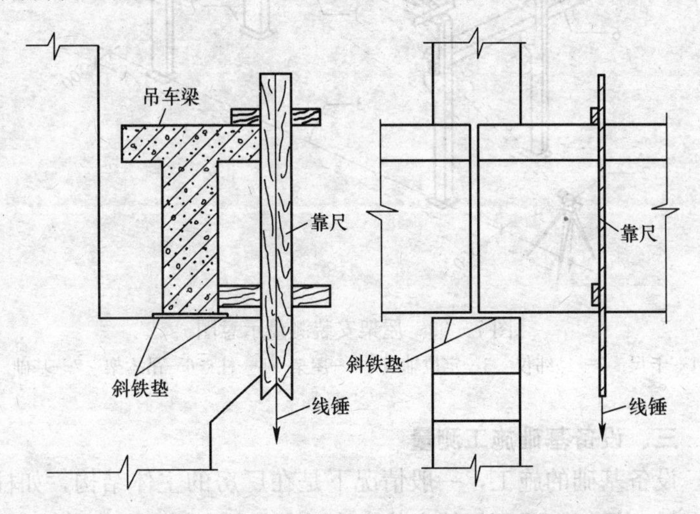

图 7—38　靠尺法矫正吊车梁的垂直度

3. 吊车轨、屋架的安装测量

吊车轨安装前，要用水准仪检查吊车梁顶面标高，以便安置铁垫。吊车轨按矫正过的中心线安装就位后，可在吊车梁上安置水准仪检查轨顶标高与设计标高是否符合，每隔 3 m 测一点标高，其容许误差为±3 mm。然后，用钢尺悬空丈量轨道上对应中心线点的跨距，其容许误差不超过±10 mm。

如图 7—39 所示，屋架的安装测量与吊车梁安装测量的方法基本相似。屋架的垂直度是靠安装在屋架上的三把卡尺，通过经纬仪进行检查、调整。屋架垂直度允许误差为屋架高度的 1/250。

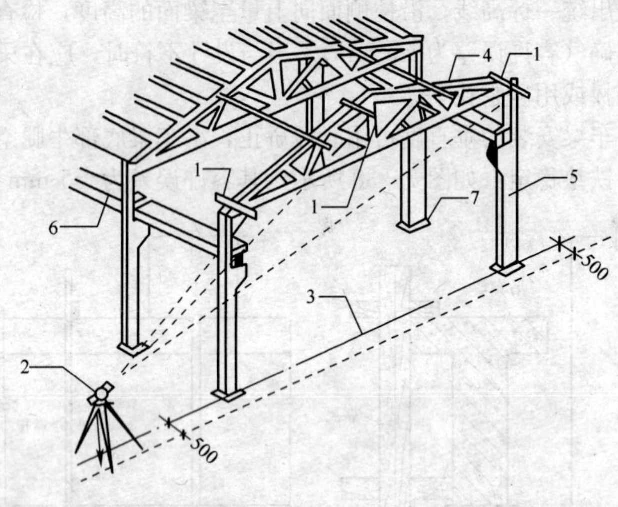

图 7—39 屋架安装测量示意图

1—卡尺 2—经纬仪 3—定位轴线 4—屋架 5—柱 6—吊木架 7—基础

三、设备基础施工测量

设备基础的施工，一般情况下是在厂房的主体结构，如柱、吊车梁、屋架、屋面板等安装完毕后进行的。设备图上均应标明基础轴线和厂房轴线的尺寸、方向、角度等数据的关系。

1. 设备基础轴线测量

应根据图样标明的厂房柱轴线与设备基础轴线的关系，定出设备基础轴线。具体操作方法如下：

首先，在Ⓑ轴线上量取 2.5 m，定出 y'；其次，在⑩轴线上量取 8.0 m，定出 x'；然后，用经纬仪定出 O 点，置经纬仪于 O 点，根据 x' 与给定的和设备本身的 x 轴的夹角值，定出 x、y 坐标轴，即为设备的坐标轴线，如图 7—40 所示。

定出设备基础坐标之后，在坐标轴两头分别在不妨碍施工的地方钉上控制桩；然后，以轴线量取基础开挖线，并撒上白灰。

2. 标高控制

设备基础的标高控制，可将统一标高引测在安装好的柱子

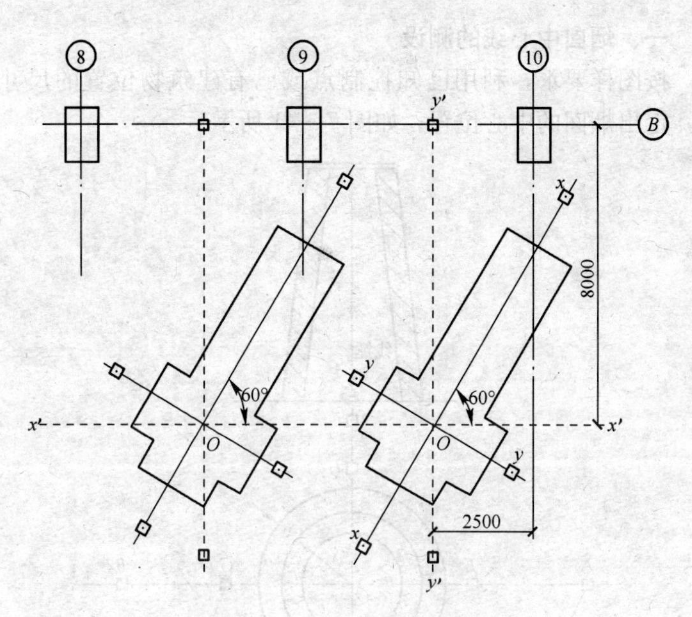

图 7—40　设备基础轴线测量

上，并弹墨线标出高程数字，并以此作为施工依据，而不必再把厂房外的水准点引测到每个设备基础上。同时，也不必一个柱子控制一个设备基础，施工时可把水准仪安置在厂房中间，后视弹上墨线的某轴线中点柱，前视靠近Ⓑ轴线所有的设备基础。

设备基础的各项容许误差，均应遵照设计要求，一般情况下，基础中心线偏差为±5 mm以内，标高误差也为±5 mm以内。

模块七　烟囱施工测量

烟囱多是截圆锥形的建筑，它的基础小、主体高，测量工作主要是严格控制其中心位置，以保证烟囱主体铅垂。

一、烟囱中心线的测设

按图样要求，利用已知控制点或已有建筑物位置的尺寸关系，定出烟囱的中心位置，如图 7—41 所示。

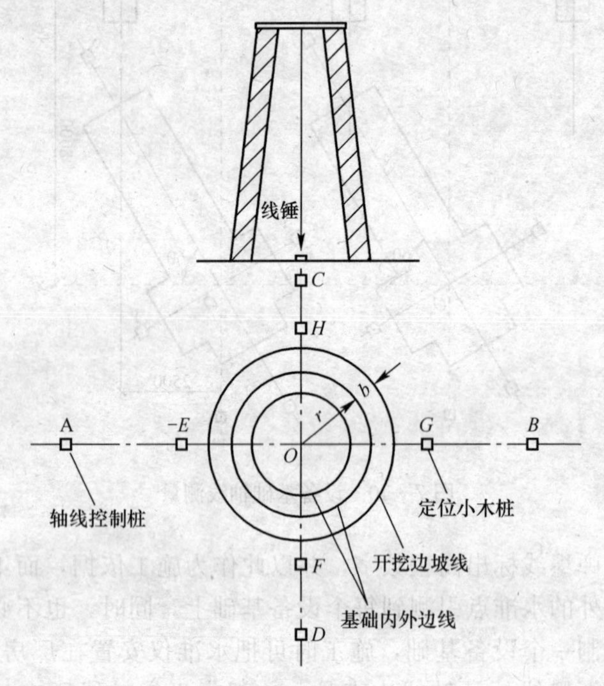

图 7—41　定出烟囱的中心位置

在地面上定出，以 O 为交点的任意两条可以通视的、相互垂直的轴线 AB 和 CD。A、B、C、D 各点离烟囱中心的距离最好大于烟囱的高度。为了稳妥起见，一般在每个点的轴线延长线上，再多增设 1～2 个控制桩，各控制桩位都应妥善保护。在轴线方向上，应尽量在靠烟囱而又不影响桩位稳固的地方设 E、F、G、H 四桩，以便挖好基坑后烟囱中心的投设。

二、基础施工测量

定出烟囱中心 O 后，以 O 为圆心，$r+b$ 为半径（r 为烟囱底的半径，b 为基坑的放坡宽度），在地面上画图，撒上灰绳开始挖土，当快要挖到设计标高时，在坑壁周围钉上水平桩，以控制挖土深度。坑底夯实后，以 E、F、G、H 四桩拉线，用线锤把烟囱中心吊到坑底、钉上木桩，以此作为浇灌混凝土基础的中心控制点。

在浇灌基础混凝土结束时，应在烟囱中心位置埋设铁桩，并以此作为施工控制的基本依据。此时，将两台经纬仪架设在靠近烟囱中心的地面桩位上，从两个不同的方向上在铁桩顶面上准确地定出烟囱的中心位置，并刻上"十"字线，以此作为施工中控制烟囱中心的固定标志。然后，以此点为圆心，在基础上画出砌筑里外圆的边线。

三、引测烟囱的中心线

烟囱施工到地面上时，应将轴线测设到烟囱外部的根部，并做标志。烟囱继续向上砌筑时，应随时将中心点引测到施工作业面上，一般砌砖每升一步架或混凝土每提升一次模板，必须引测一次中心点。

具体做法：在砖烟囱上口，架设一个烟囱直径控制杆，如图7—42a 所示，它由一方木及一根带有刻划的尺杆组成。尺杆一端铰接在方木的中心点上，并可以绕此点旋转。方木中心点下部有一小钩，以便悬挂锤球，对准烟囱基础上的中心点，如图7—42b所示，此时，尺杆上的刻划线即为下步砌砖的依据。

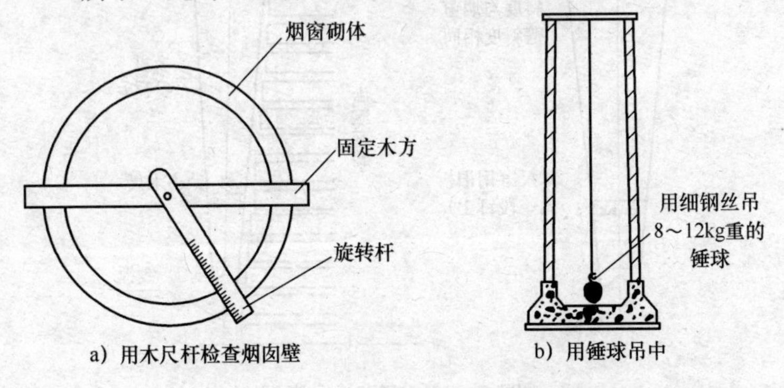

a）用木尺杆检查烟囱壁　　b）用锤球吊中

图 7—42　用木尺杆检查烟囱壁及用锤球吊中

烟囱每砌完 10 m 左右，必须用经纬仪检查一次中心，检验的方法是分别安置经纬仪于轴线的 A、B、C、D 四个控制桩上，如图 7—41 所示，对准基础上面的轴线标记，把轴线点投到施工面上，并做标记，然后，按标记拉两根小线，其交点即为烟囱中心点。用此点与锤球直接引测所得中心点相比较，以做校核，烟囱中心偏差一般不应超过所砌高度 1/1 000。

四、筒体外壁收坡的控制

为了保证筒身收坡符合设计要求，除了用尺杆画圆控制外，还应随时用靠尺板来检查。靠尺形状如图 7—43 所示，两侧的斜边是严格按照设计要求的筒壁收坡系数制作的。在使用过程中，把斜边紧靠在筒体外侧，如果筒体的收坡符合要求，则锤球线正好通过下端的缺口。如果收坡控制不好，可通过坡度尺上小木尺读数反映其偏差大小，以便使筒体收坡及时得到控制。

在筒体施工的同时，还应检查筒体砌筑到某一高度时的设计半径。如图 7—44 所示，某高度的设计半径 $\gamma H'$ 可由图示计算求得

$$\gamma \mathrm{H}' = R - H'm$$

式中　R——筒体底面外侧设计半径；

M——筒体的收坡系数。

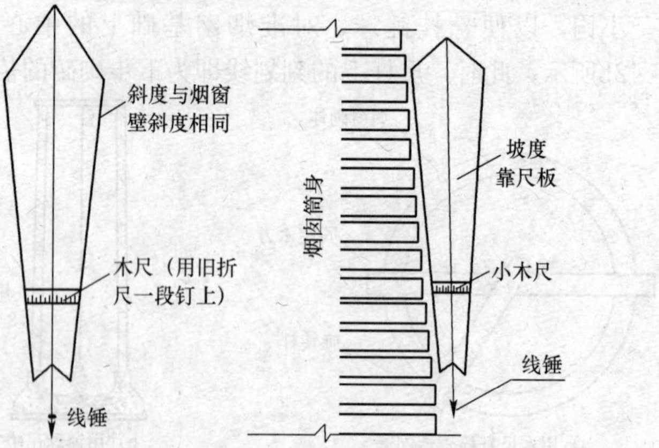

图 7—43　靠尺板示意图

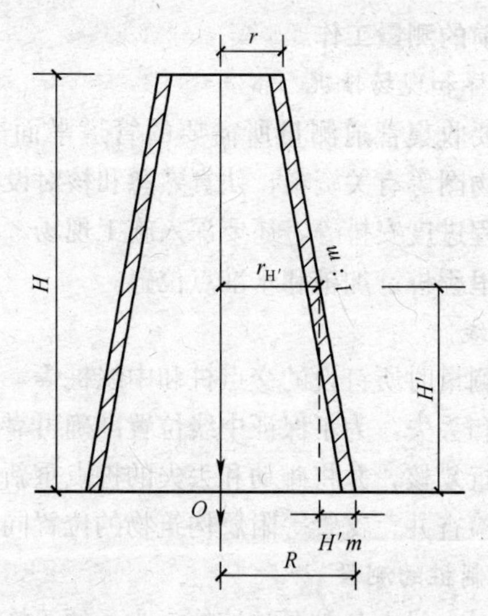

图 7—44　筒体中心线引测示意图

收坡系数的计算公式为

$$m=(R-r)/H$$

式中　r——筒体顶面外侧设计半径；

H——筒体的设计高度。

五、筒体的标高控制

筒体的标高控制是用水准仪在筒壁上测出＋0.500 m（或任意整分米）的标高控制线，然后，以此线为准用钢尺量取筒体的高度。

模块八　管道施工测量

在城市和工业建设中，要敷设许多地下管道，如给水、排水、天然气、暖气、电缆、输气和输油管道等。管道施工测量的主要任务就是根据工程进度的要求，向施工人员随时提供中线方向和标高位置。

一、施工前的测量工作

1. 熟悉图样和现场情况

施工前，要收集管道测量所需要的管道平面图、纵横断面图、附属构筑物图等有关资料，认真熟悉和核对设计图样，了解精度要求和工程进度安排等，还要深入施工现场，熟悉地形，找出各交点桩、里程桩、加桩和水准点位置。

2. 恢复中线

管道中线测量时所钉设的交点桩和中线桩等，到施工时可能会有部分碰动和丢失，为了保证中线位置准确可靠，应根据设计的定线条件进行复核，并将碰动和丢失的桩点重新恢复。在恢复中线时，应将检查井、支管等附属构筑物的位置同时定出。

3. 施工控制桩的测设

由于施工时中线上各桩要被挖掉，为了便于恢复中线和附属构筑物的位置，应在不受施工干扰、引测方便、易于保存桩位的地方，测设施工控制桩。

施工控制桩分中线控制桩和附属构筑物控制桩两种，如图7—45所示。中线控制桩，一般测设在管道起止点和各转折点处的中线延长线上，若管道直线段较长，可在中线一侧的管槽边线外测设一排与中线平行的控制桩；附属构筑物控制桩，测设在管道中线的垂直线上，恢复附属构筑物的位置时，通过两控制桩拉细绳，细绳与中线的交点即是应恢复的位置点。

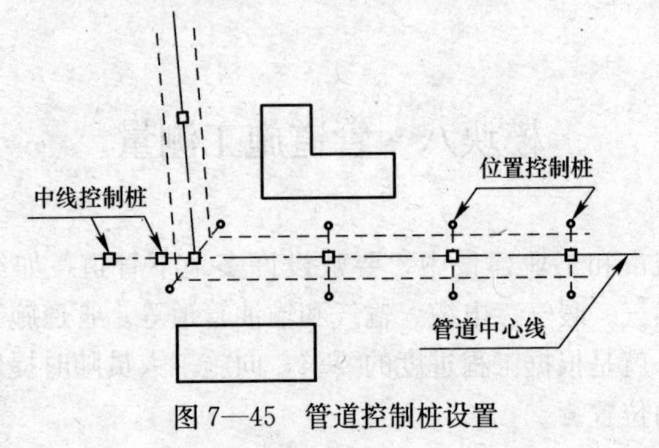

图7—45　管道控制桩设置

4. 施工水准点的加密

为了在施工过程中引测高程方便，应根据原有水准点，在沿线附近每 100～150 m 增设一个临时水准点，其精度要求由管线工程性质和有关规范确定。

二、管道施工测量工作

1. 槽口放线

槽口放线是指根据管径大小、埋设深度和土质情况，决定管槽开挖宽度，并在地面上钉设边桩，沿边桩拉线撒出灰线，并以此作为开挖的边界线。

若埋设深度较小、土质坚实，管槽可垂直开挖，这时，槽口宽度即等于设计槽底宽度，若需要放坡，且地面横坡比较平坦，槽口宽度可按下式计算：

$$D_{左}=D_{右}=b/2+mh$$

式中 $D_{左}$、$D_{右}$——管道中桩至左、右边桩的距离；

b——槽底宽度；

m——边坡坡度；

h——挖土深度。

2. 施工过程中的中线、高程和坡度测设

在管槽开挖及管道的安装和埋设等施工过程中，要根据进度，反复地进行中线、高程和坡度的测设，下面介绍两种常用的方法。

(1) 坡度板法。坡度板是用来控制中线和构筑物位置、掌握设计高程和坡度的标志，一般跨槽设置，如图 7—46 所示，每隔 10～20 m 设置一块，并编以桩号。坡度板应根据工程进度及要求及时设置。当槽深在 2.5 m 以内时，应在开槽前埋设在槽口上；当槽深在 2.5 m 以上时，应待开挖至距槽底 2 m 左右时再埋设在槽内，如图 7—47 所示。坡度板应埋设牢固，板面要保持水平。

坡度板设好后，首先，应根据中线控制桩，用经纬仪把管道中心线投测至坡度板上，钉上中心钉，并标上里程桩号。施工

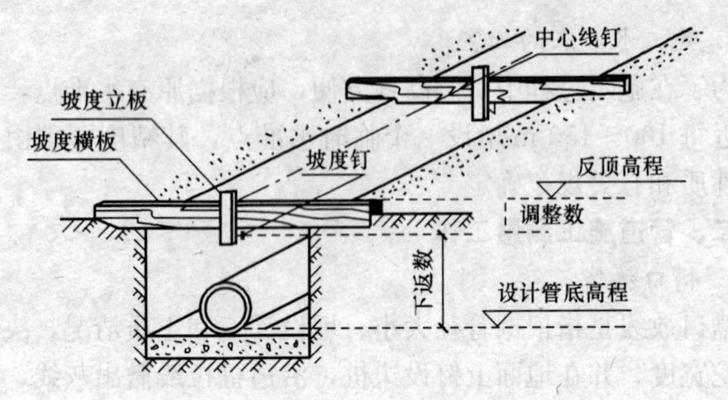

图 7—46　坡度板法

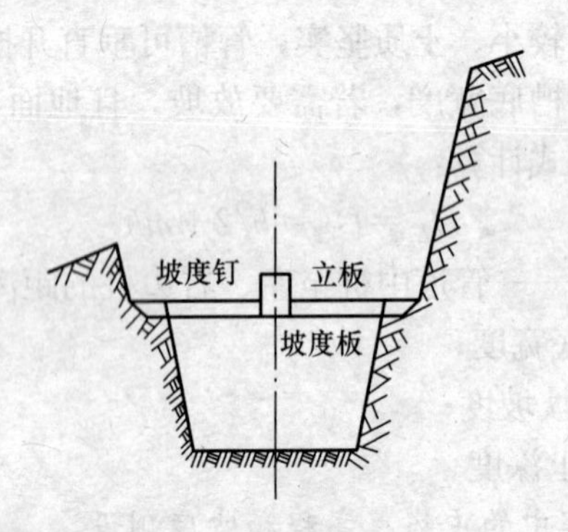

图 7—47　深槽坡度板法

时，用中心钉的连线可方便地检查和控制管道的中心线。

其次，用水准仪测出坡度板顶面高程，板顶高程与该处管道设计高程之差，即为板顶应往下开挖的深度。为方便起见，在各坡度板上钉一坡度立板，然后，从坡度板顶面高程算起，从坡度板上向上或向下量取高差调整数，钉出坡度钉，使坡度钉的连线平行于管道设计坡度线，并将距设计高程一整分米数的读数，称为下返数。施工时，利用这条线可方便地检查和控制管道的高程和坡度。高差调整数可按下式计算：

高差调整数＝(板顶高程－管底设计高程)－下返数

若高差调整数为正，则往下量取；若高差调整数为负，则往上量取。

例如，预先确定下返数为 1.5 m，某桩号的坡度板的板顶实测高程为 78.868 m，该桩号管底设计高程为 77.2 m，则高差调整数为：(78.868－77.2) －1.5＝0.168 m，即从板顶沿立板往下量 0.168 m，钉上坡度钉，则由这个钉下返 1.5 m 便是设计管底的位置。

(2) 平行轴腰桩法。当现场条件不便采用坡度板时，对精度要求较低的管道，可采用平行轴腰桩法来测设中线、高程及坡度控制标志。如图 7—48 所示，开挖前，在中线一侧（或两侧）测设一排（或两排）与中线平行的轴线桩，平行轴线桩与管道中线的间距为 a，各桩间隔 20 m 左右，各附属构筑物位置也相应设桩。

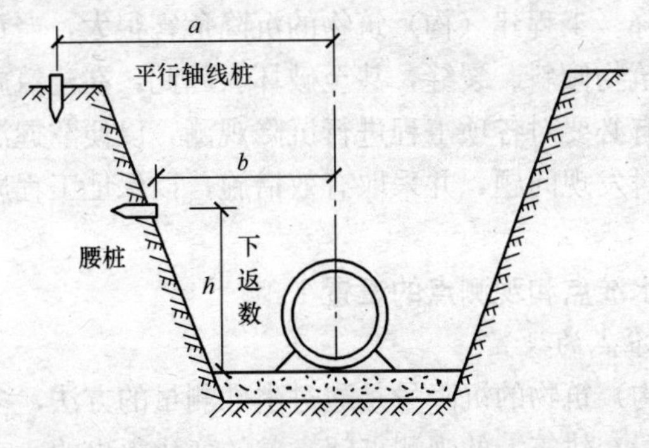

图 7—48　平行轴腰桩法

管槽开挖至一定深度以后，为方便起见，以地面上的平行轴线桩为依据，在高于槽底约 1 m 的槽坡上再钉一排平行轴线桩，它们与管道中线的间距为 b，称为腰桩。用水准仪测出各腰桩的高程，腰桩高程与该处相对应的管底设计高程之差，称为下返数。施工时，根据腰桩可检查和控制管道的中线和高程。

此外，也可在槽坡上另外单独测设一排坡度桩，使其连线与设计坡度线平行，并与设计高程相差一个整数，这样使用起来更为方便。

模块九　建筑物的沉降观测

建（构）筑物的地基要承受上部建（构）筑物的全部重量，地基在压力作用下，由于地质和承受荷载的不同，特别是对于大型工业厂房、高层建筑物和构筑物（如水塔、烟囱等）以及振动较大的设备基础来说，在施工和使用过程中，总会发生均匀或不均匀的下沉。尤其是在湿陷性黄土地区，如果地面排水不良造成积水、浸水，土壤的结构将迅速地被破坏，更会引起地基的湿陷。在软弱土层地区，虽采用桩基代替天然地基，但各项工程仍会发生沉降。工程建（构）筑物的沉降危害很大，严重时会引起建（构）筑物倾斜、裂缝，甚至破坏。因此，在建筑施工和使用过程中，有必要对各项工程进行沉降观测，以便掌握沉降的变化情况，及时发现问题，并采取有效措施，以保证工程质量和安全生产。

一、水准点和观测点的设置

1. 水准点的设置

建（构）筑物的沉降量是通过水准测量的方法，多次观测水准点与设置在建筑上的观测点间高差的变化得出的。水准点的形式和埋设要求与永久性水准点相同。为保证水准点高程的准确性和便于相互校核，水准点的数目应不少于 3 个。其埋设地点应保证有足够的稳定性，不受施工机具、车辆、材料、成品、半成品堆放的碾压和碰撞。因此，水准点应布设在受压、受震的范围以外，离开铁路、公路和地下管道至少 5 m。冰冻地区水准点至少应埋设在冰冻线以下 0.5 m。为保证观测精度，水准点和观测点的距离不应超过 100 m。

2. 观测点的设置

观测点通常设置在待测建筑物上，作为沉降观测的永久性标志。观测点的数目和位置应能全面、精确地反映建筑物沉降情况，这与其结构、形状、大小、荷载以及地质条件有关。观测点位必须具有代表性，既有良好的通视条件，又不易被破坏。这项工作应由设计单位或施工技术部门负责确定。在民用建筑中，一般沿建筑物四周每隔 10～20 m 设一观测点，在房屋转角、沉降缝两侧、基础形式改变处，以及地质条件改变处等也应设置观测点。当建筑物宽度大于 15 m 时，还应在房屋内部纵轴线上和楼梯间布置观测点。工业厂房的观测点可设置在柱子、承重墙、厂房转角、大型设备基础以及较大荷载处。厂房扩建时，应在连接处两侧设置观测点。高大圆形的烟囱、水塔、高炉、油罐、炼油塔等构筑物，还应在基础的对称轴线上设置观测点。

观测点的形式和设置方法应根据工程性质和施工条件来确定或设计。一般民用建筑沉降观测点，大都设在外墙勒脚处。一般用长 120 mm 的角钢，在一端焊一铆钉头，另一端埋入墙内（或柱内），并用 1∶2 水泥砂浆填实，如图 7—49a 所示。也可采用直径 20 mm 的钢筋，一端弯成 90°角，一端制成燕尾形埋入墙内（或柱内），如图 7—49b 所示。

设备基础观测点，一般采用铆钉或钢筋来制作，然后，将其埋入混凝土中，如图 7—50 所示。

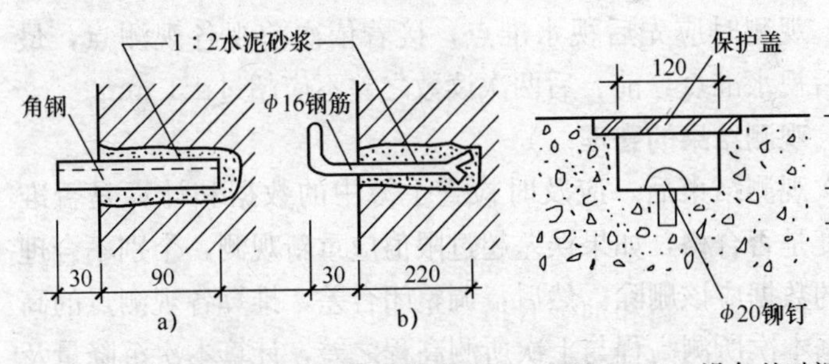

图 7—49　墙或柱沉降观测点的形式　　图 7—50　设备基础沉降观测点的形式

二、观测时间、方法和精度要求

沉降观测的时间与精度要求，应根据工程性质、工程进度、地基土质情况、荷载增加情况以及沉降情况而定。一般在埋设的观测点稳定后，应进行第一次观测。施工期间，在增加较大荷载前后（如浇筑基础，回填土，砖墙每砌筑一层楼，安装柱子、屋架，屋面铺设，设备安装，设备运转，烟囱每增加 15 m 左右等）、基础附近地面荷载突然增加、周围大量积水或暴雨后、周围大量挖方等情况下均应进行观测。如果施工期间中途停工时间较长，应在停止时和复工前进行观测。工程竣工后，应连续进行观测，观测时间的间隔可按沉降量大小及速度而定。在开始时，间隔短一些，以后随着沉降速度的减慢，可逐渐延长观测周期，直到沉降稳定为止。

对一般精度要求的沉降观测，可采用 DS_3 型水准仪进行观测。大型的重要建筑或高层建筑，可根据要求采用相应的符合精度要求的水准仪。沉降观测前应根据观测点、水准点布置情况，结合施工现场情况，把安置仪器位置、转点位置、观测点编号以及观测路线等确定下来，并且每次观测均应按此步骤进行。观测应在成像清晰、稳定的条件下进行。为保证水准测量的精度，观测时视距一般不应超过 50 m，前、后视距离要用皮尺丈量或用视距法测量，尽量使前、后视距离相等。前、后视应使用同一根水准尺。观测时应先后视水准点，接着依次前视各观测点，最后，再后视水准点，前、后两次读数之差不应超过±1 mm。

三、观测结果的整理

每次观测结束后，应及时检查手簿中的数据和计算是否准确，精度是否合格，如果误差超过限值应重新观测，个别不合理和错误的数据应该删除。然后，调整闭合差，推算各观测点的高程。根据本次所测高程与上次所测高程之差，计算本次沉降量及累计沉降量，并将日期、荷载情况填入观测结果表，见表 7—4。

为了更直观地表示建筑沉降量、荷载、时间之间的关系，还应根据观测结果表画出每一观测点的时间与沉降量的关系曲线及时间与荷载的关系曲线，如图 7—51 所示。

表 7—4 沉降观测记录表

日期（年月日）	荷载（kN/m²）	观测点																	
		1			2			3			4			5			6		
		高程（m）	本次下沉（mm）	累计下沉（mm）	高程（m）	本次下沉（mm）	累计下沉（mm）	高程（m）	本次下沉（mm）	累计下沉（mm）	高程（m）	本次下沉（mm）	累计下沉（mm）	高程（m）	本次下沉（mm）	累计下沉（mm）	高程（m）	本次下沉（mm）	累计下沉（mm）
1980.4.20	45.0	50.175	±0	±0	50.154	±0	±0	50.155	±0	±0	50.155	±0	±0	50.156	±0	±0	50.154	±0	±0
5.5	55.0	50.155	−2	−2	50.153	−1	−1	50.153	−2	−2	50.154	−1	−1	50.155	−1	−1	50.152	−2	−2
5.20	70.0	50.152	−3	−5	50.150	−3	−4	50.151	−2	−4	50.153	−1	−2	50.151	−4	−5	50.148	−4	−6
6.5	95.0	50.148	−4	−9	50.148	−2	−6	50.147	−4	−8	50.150	−3	−5	50.148	−3	−8	50.146	−2	−8
6.20	105.0	50.145	−3	−12	50.146	−2	−8	50.143	−4	−12	50.148	−2	−7	50.146	−2	−10	50.144	−2	−10
7.20	105.0	50.143	−2	−14	50.145	−1	−9	50.141	−2	−14	50.147	−1	−8	50.145	−1	−11	50.142	−1	−12
8.20	105.0	50.142	−1	−15	50.144	−1	−10	50.140	−1	−15	50.145	−2	−10	50.144	−1	−12	50.140	−2	−14
9.20	105.0	50.140	−2	−17	50.142	−2	−12	50.138	−2	−17	50.143	−2	−12	50.142	−2	−14	50.139	−1	−15
10.20	105.0	50.139	−1	−18	50.140	−2	−14	50.137	−1	−18	50.142	−1	−13	50.140	−2	−16	50.137	−2	−17
1981.1.20	105.0	50.137	−2	−20	50.139	−1	−15	50.137	±0	−18	50.142	±0	−13	50.139	−1	−17	50.136	−1	−18
4.20	105.0	50.136	−1	−21	50.139	±0	−15	50.136	−1	−19	50.141	−1	−14	50.138	−1	−18	50.136	±0	−18
7.20	105.0	50.135	−1	−22	50.138	−1	−16	50.136	−1	−20	50.140	−1	−15	50.137	−1	−19	50.136	±0	−18
10.20	105.0	50.135	±0	−22	50.138	±0	−16	50.134	−1	−21	50.140	±0	−15	50.136	−1	−20	50.136	±0	−18
1982.1.20	105.0	50.135	±0	−22	50.138	±0	−16	50.134	±0	−21	50.140	±0	−15	50.136	±0	−20	50.136	±0	−18

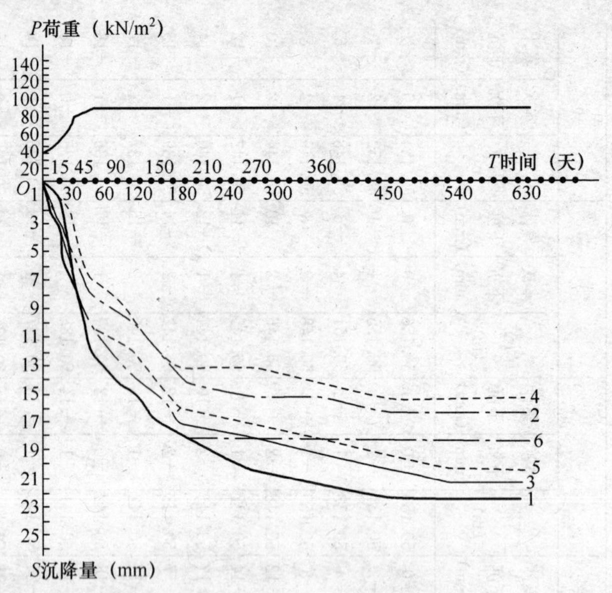

图 7—51　沉降观测曲线

思考题

1. 施工测量前应做好哪些准备工作？

2. 校测建筑红线桩的目的是什么？如何进行校测？

3. 图 7—52 给出了原有建筑物与新建筑物的相对位置关系，试述根据原有建筑物测设新建筑物的步骤及方法。

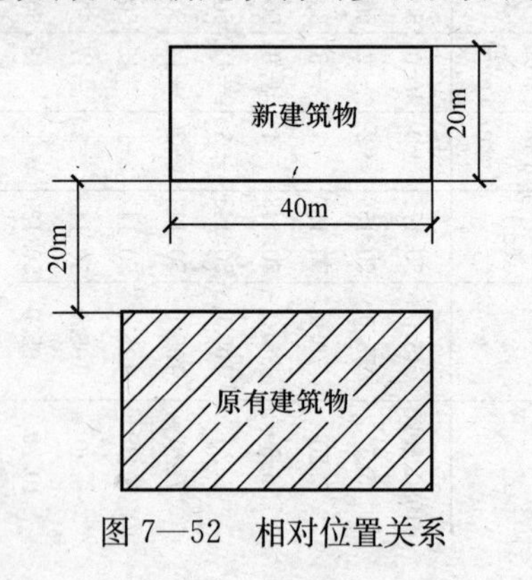

图 7—52　相对位置关系

4. 设置龙门板或引桩的作用是什么?

5. 一般民用建筑条形基础施工过程中要进行哪些测量工作?

6. 一般民用建筑主体施工过程中，如何投测轴线? 如何传递标高?

7. 在高层建筑施工中，如何进行建筑的轴线投测和高程传递?

8. 皮数杆在砌筑工程中起什么作用? 皮数杆的制作方法是什么?

9. 高耸构筑物测量有何特点? 在烟囱筒身施工测量中如何控制其垂直度?

10. 如何进行柱子吊装的竖直校正工作? 应注意哪些具体要求?

11. 简述工业厂房柱基的测设方法。

12. 工业厂房柱列轴线如何进行测设? 它的具体作用是什么?

13. 简述吊车梁的安装测量工作。

14. 管道施工测量的项目有哪些?